新编21世纪高等职业教育精品教材
公共基础课系列

大学生生态文明教育

主　编　李书民　马丹丹

中国人民大学出版社
·北京·

大学生生态文明教育
编委会

主　编：李书民　马丹丹

副主编：赵　潇　王梦云　佘　波

参　编：高延锋　薛　景　李岩岩　谭璐璐

前言

PREFACE

近年来，全球生态环境恶化明显，生态危机状况频出，温室效应扩大，极端天气频现，人类生存环境正面临前所未有的严峻考验。要改善这一切，需要从每一个小我做起。当代大学生正处在信息化时代，经济大环境良好，大学生生活富足、社会阅历不足，鲜有体验过生活的艰辛，对节俭、环保和低碳行为少有切身体会。因此，对大学生进行生态文明教育，让节能、环保等知识内容进课堂是必要的。本书正是针对这一需求编写的，旨在增强大学生生态文明意识，促进大学生文明程度和综合素质的提高，为当前世界范围内的生态文明建设作出贡献。

本书为章节式体例，全书共分七章，包括认识生态文明、认识生态危机、培育大学生生态文明意识、提升大学生生态文明责任、帮助大学生树立正确生态文明观、加强大学生生态文明教育、探寻大学生生态文明教育的多样途径等内容，通过由浅入深、由理论到实践的介绍，增强大学生的生态文明意识，提升他们的生态文明行为。

本书具有以下特点：

1. 内容全面，结构清晰。本书内容覆盖面广泛，不仅涉及生态文明基础知识，还对如何培育和提升大学生生态文明意识、生态文明责任、生态文明观以及生态文明教育途径的多样性进行了探讨和阐述。全书结构清晰，循序渐进，语言通俗易懂，便于理解掌握。

2. 理论与实践相结合。本书不仅注重理论知识的传授，还特别强调实践操作的重要性。

本书内容翔实，应用性强，适合各高职院校作为教材，也适合对生态文明教育感兴趣的读者作为参考用书。

在本书的编写过程中，编者参阅了大量国内外公开出版发行的相关文献及网络资源，恕不一一列举，在此一并致谢。

由于编者水平有限，缺漏或不当之处在所难免，敬请读者批评指正。

目录

CONTENTS

第一章　认识生态文明

学习目标

知识目标

1. 了解生态文明的内涵。
2. 了解生态文明的主要特征。
3. 了解生态文明产生的时代背景。

技能目标

1. 掌握生态文明的主要内容。
2. 理解并掌握建设生态文明的意义。
3. 理解并掌握建设生态文明的重要原则。

素质目标

1. 提升对生态文明的整体认知。
2. 增强对生态文明的学习和研究意识，为后面的学习打下基础。

21 世纪以来，我国政治、社会、经济领域经历了深刻的变革，取得了显著的进步。然而，随之而来的新状况、新问题和新变化，以及其带来的新机遇与新挑战也堪称空前。在生态环境问题凸显、资源环境保护压力持续增大的背景下，我国提出建设生态文明的新理念。这一新理念的提出无疑是及时的，它是基于我国现实国情，顺应社会发展规律所做出的科学决策，对人类文明发展理论进行了丰富与发展，体现了治国理念的提升，以及对人类社会发展规律的深刻理解和精准决策。

为建设生态文明，人类社会需进行一次新的选择，这是继原始文明、农业文明、工业文明之后，人类文明发展的重要进步。生态文明建设将通过多种途径，对人类社会的生存与发展产生深远影响，引领人类迈向科学发展之路。在我国，生态文明建设已被提升至国家战略高度，成为社会主义现代化建设的重要内容。大学生学习生态文明知识不仅有助于提高自身的环境保护意识，形成绿色发展理念，还能在全社会起到表率作用，引导全体公民为促进人与自然和谐共生而共同努力。

第一节 生态文明的内涵及特征

生态文明，是我们共同的理想，共同的奋斗目标。要实现这一目标，我们需要付诸实践，用实际行动推动生态文明建设。大学生即将从校园走向社会，完成从学生到职业人的转变。在这个过程中，不仅要培养大学生满足社会需求的发展能力，更要不断提升其可持续发展的内生动力。在生态文明建设这一伟大事业中，大学生应担当起面向未来的生态文明传承者和建设者的重任。

一、生态文明的内涵

（一）生态文明的定义

1. 生态文明释义

生态文明是人类在改造客观物质世界的同时，不断克服改造过程中的负面效应，积极改善和优化人与自然、人与人的关系，创建有序的生态运行机制和良好的生态环境所取得的物质、精神和制度方面成果的总和。

“生态文明”这一理念的产生、形成与发展，以及认知、认同、实践与总结经历了一段漫长的时间。从词面上讲，作为复合词，“生态文明”由“生态”与“文明”两个词复合而成。

“生态”一词最初源于古希腊，意思是指家或我们生存发展的环境。一般来讲，生态就是一切生物的生存、生活状态，即在一定的生长环境下，生物为了生存与发展，相互间关联、依存的状态，它按照自在自为、客观存在的发展规律存在并延续至今。人类作为自然发展的产物，也是生物圈的自然组成部分，不过，人的生理能力与自然界中其他动物相比，非常弱小，如：猎豹奔跑的速度、狗嗅觉的灵敏度、蝙蝠的超声波定位……为了生存与繁衍，人类以群居方式生活，以自身的劳动发展自己，逐渐形成人类特有的思维能力与主观能动性，并通过发展思维与主观能动性，提升自己的行为能力，逐渐走上当前世界生物金字塔的最顶层。

生态草原

作为人类求生存、求发展的成果，文明是人类改造世界的物质与精神成果的总和，是人类社会发展程度和社会进步的标志。

在东方文化中，“文明”一词最早出自《易经》，在《周易·乾·文言》中有：“见龙在田，天下文明。”文明在此取“文采光明”之意。隋唐孔颖达释意说：“天下文明者，阳气在田，始生万物，故天下有文章而光明也。”南朝鲍照的《河清颂》中说道：“泰阶既平，洪水既清，大人在上，区宇文明。”唐朝李白在《天长节使鄂州刺史韦公德政碑》中说道：“以文明鸿业，授之元良。”

后来，“文明”的词义发生了演变，指称文治教化。例如，五代前蜀杜光庭在《贺黄云表》中说道：“柔远俗以文明，慑凶奴以武略。”元朝刘埙在《隐居通议·诗歌二》中说道：“想见先朝文明之盛，为之慨然。”北宋司马光在《呈范景仁》中说道：“朝家文明所及远，于今台阁尤蝉联。”清朝李渔在《闲情偶寄》中说道：“求辟草昧而致文明，不可得矣。”秋瑾在《愤时迭前韵》中说道，“文明种子已萌芽，好振精神爱岁华”，这里的文明指一种发展水平高、有文化的状态，其阐述与现在的“文明”意义相近。

在西方文化中，“文明”产生之初是“城邦”的代称，以与“野蛮”相对立的形容词而出现，标志着人类社会进步的状态。

2. 人类文明的历程

在漫长绵延的历史长河中，人类经历着由弱小到强大，由量的积累到质的变化的过程。从要素上看，文明的主体是人，体现为人类在求生存中利用自然，求发展中改造自然，并在这一进程中不断反省自身的状态，如物质文明和精神文明；从空间上分，文明具有多元性，如东方文明与西方文明、印度文明与非洲文明；从时间上分，文明具有阶段性，如原始文明、农业文明与工业文明。

第一阶段是原始文明。大致历经了 170 万～200 万年，这一阶段大约发生在石器时代，考古发现，中国的原始文明始于距今约 170 多万年前的元谋人。在那个时期，人们使用粗陋的石器为生产工具进行物质生产活动，相对地球数千亿吨计的净植物生产力而言，人类的“消费”量简直可以忽略不计。至原始农业出现，些许的生态破坏会在地球生物圈的巨大自我恢复中达到生态平衡。这一阶段是人类认识自然、缓慢适应自然的过程，这种人类与生物、环境之间自然有序的协同进化关系，堪称原始“绿色文明”。

原始文明

第二阶段是农业文明。随着铁器的出现，生产工具和技术的进步，人类利用和改造自然的能力产生了质的飞跃，相应的生态问题日渐凸显。由于农业过度开发致使人类文明衰落的变故屡见不鲜。但总的来看，人类对自然的认知能力与水平，伴随着时间的流逝不断地提升。这个时期，人类的发展对自然生态的负面作用扩大，

农业文明

工业革命时期污染气体的排放

体现为人类不断积累知识与经验，不断提升能力并不断尝试征服自然，这一阶段大约经历了 1 万年。

第三阶段是工业文明。虽然这一时期历时短，但其物质财富生产与生态破坏能力却是前期文明无可比拟的。18 世纪的英国工业革命开启了人类生活的现代化进程，人类征服自然的运动规模空前，为满足无止境的"索取"，人类近乎疯狂地掠夺自然资源。有关资料统计，三百年里，人类消耗了约 1 420 亿吨石油、2 650 亿吨煤、380 亿吨铁、7.6 亿吨铝、4.8 亿吨铜。占世界人口 15% 的工业发达国家，消费了全球 56% 的石油和 60% 以上的天然气、50% 以上的重要矿产资源。工业文明近乎疯狂的掠夺与破坏触目惊心，对大自然的影响不可估量，恶化了人类的生活居住环境，严重影响了人类的发展前程。人类开始意识到，人的生命是有限的，地球的资源也是有限的，人类活动能力与空间不能无度。人类遇到前所未有的生存与发展危机，生态文明及生态文明建设这一命题应运而生。

3. 生态文明的内涵

生态文明是人类对物质文明反思的基础上，对人与自然关系历史的总结和升华。人类应遵循和谐发展的客观规律，尊重自然，通过科技创新和制度创新，建立可持续的生产和消费方式，来维护人类赖以生存发展的生态平衡，实现人与自然、人与人的和谐共生、全面发展、持续繁荣。

一是和谐的文化价值观。人类应发挥自己的主观能动性，树立起符合自然生态法则的文化价值需求，深刻体悟到自然是人类生命的依托，破坏自然就是破坏人类自己的家园，自然的消亡也必然导致人类自身无法生存，直至生命系统的消亡。体悟生命、尊重生命、爱护生命，并不是人类对其他生命存在物的施舍，而是人类自身生存、发展和进步的需要，把对自然的爱护提升为一种不同于人类中心主义的宇宙情怀和内在精神信念。

二是可持续生态生产观。资源，特别是不可再生资源是有限的，而人类可支配的资源更加有限，盲目地开发、使用、浪费资源无异于人类的集体自杀，生态文明要求人类遵循生态系统是有限的、有弹性的和不可完全预测的原则，在人类的生产劳动中，要秉持最大的节约、对环境影响最小和再生循环利用率最高的理念。

三是适度的消费生活观。倡导生态文明并非阻止人类正常的消费与生活，而是提倡以"有限福祉"的生活方式替代过去的不合理的生活消费方式。人们的生活追求不再是一味地对物质财富的过度享受，而是一种既满足自身正常生活的需要，又不破坏自然生态平衡，既满足当代人的生存与发展需要，又不损害后代人继续生存与发展。这种公平、平衡和共享的道德理念，成为人与自然、人与人之间和谐发展的规范。

（二）生态文明的要素

党的十八大总揽国内外大局，为推进中国特色社会主义建设，作出加强经济建设、政治建设、文化建设、社会建设、生态文明建设"五位一体"的总体布局。为实现建设美丽中国、实现中华民族永续发展的宏伟目标，必须把生态文明建设作为第一位的任务、最大的基础，开启生态文明建设新征程。

生态文明主要由生态文化、生态产业、生态消费、生态环境、生态资源、生态科技与生态制度等七个基本要素组成。这七个基本要素是相互影响、相互作用的有机共同体，共同达成生态文明愿景。其中，生态文化繁荣是生态文明建设的精神支柱，生态产业发展是生态文明建设的物质基础，生态消费模式是生态文明建设的公众基础，生态环境保护是生态文明建设的基本要求，生态资源节约是生态文明建设的内在要求，生态科技发展是生态文明建设的驱动力量，生态制度创新是生态文明建设的根本保障。

作为人类特有的认识能力和实践能力，创新是人类主观能动性的高级表现，是推动民族进步和社会发展的不竭动力。一个民族要想走在时代前列，就一刻也不能没有创新思维，一刻也不能停止各种创新。无论怎么创新，都不能以牺牲环境、破坏生态为代价，不做华而不实的表面文章，要着眼于中长期而不是短期的发展，以顶层设计规范生态文明建设，真正把人与自然的和谐与可持续发展纳入日常活动、国民经济发展与宏观决策中。鼓励更多主体积极参与，创建更加公平、公开的法制与监督环境，以更加灵活的政策工具，营造更加良好的舆论氛围。

二、生态文明的主要特征

（一）自然性与自律性

生态文明具有自然性。追求"人与自然协调发展"是生态文明建设的核心目标，也是人类赖以生存的基础。早在几千年前，道家就提出人与自然万物是连续一体的，认为自然存在具有深刻的价值，人类应当尊崇自然，关注自然，与自然和谐相处。

人类的生存与发展离不开自然，既不能离开自然谈生存，更不能跳进自然随心所欲，为所欲为，肆意妄为，蛮干乱来。这涉及如何处理人与自然的关系的问题，与以往的原始文明、农业文明、工业文明一样，生态文明也主张在改造自然的过程中发展物质生产力，不断提高人们的物质需要和生活水平，但更强调在尊重、爱护和保护自然环境的前提下利用和改造自然。

追求生态文明的过程是人类不断认识自然、适应自然的过程，也是人类不断修正自己的错误、改善与自然的关系和完善自然的过程。在与自然的关系中，具有主观能动性的人是矛盾的主要方面，生态问题的根源在于人类自身，在于人类的活动与发展，建设生态文明的关键是人类。解决生态安全问题归根到底须检讨人类自身的行为方式、节制人类自身的欲望。认真定位自己在自然界中的位置，认识到人类是自然界的一部分，不能脱离自然界而独立存在，既不能做自然界的主宰，也不能做自然界的奴隶，应该与自然环境相互依存、相互促进、共处共融。人类也只有尊重自然、爱护生态环境、遵循自然发展规律，才能实现人与自然界的协调发展。

（二）和谐性与公平性

生态文明的本质追求是和谐，其目的是达到社会和谐与自然和谐相统一，是人与自然、人与人、人与社会和谐共生的文化伦理形态，是人类在总结成功经验、汲取发展教训的基础上，遵循人、自然、社会和谐发展这一客观规律而取得的物质与精神成果。稳定与和谐的生态，既是自然环境的福祉，更是人类的福祉。

生态文明是充分体现公平与效率统一、社会公平与生态公平统一的文明。与工业文明相比，生态文明所体现的是一种更广泛、更具有深远意义的公平，它包括人与自然之间的公平、当代人之间的公平、当代人与后代人之间的公平。当代人不能肆意挥霍资源、践踏环境，必须留给子孙后代一个生态良好、可持续发展的环境。

（三）基础性与持续性

生态文明关系人类的繁衍生息，是人类赖以生存发展的基础。它同社会主义物质文明、政治文明、精神文明一起，关系人民的根本利益，关系全面建成小康社会的全局，关系事业的兴旺发达和国家的长治久安。作为对工业文明的超越，生态文明代表了一种更为高级的人类文明形态，代表了一种更为美好的社会和谐理想。生态文明应该成为社会主义文明体系的基础，是人民享受幸福的基本条件。

作为人类社会进步的必然要求，建设生态文明功在当代、利在千秋。国家只有追求生态文明，才能使环境与社会生产力发展相适应，使经济建设与资源、环境相协调，实现良性循环，保证永续发展。生态文明是保障发展可持续性的关键，没有可持续的生态环境就没有可持续发展，保护生态就是保护可持续发展能力，改善生态就是提高可持续发展能力。只有坚持搞好生态文明建设，才能有效应对全球化带来的新挑战，实现经济社会的可持续发展。

（四）整体性与多样性

生态文明的整体性，一方面体现为对现有其他文明具有整合与重塑作用，社会的物质文明、政治文明和精神文明等都与生态文明密不可分，是一个统一的整体；另一方面体现在对待自然的态度上，自然界孕育万物，万物各有自己的运演规律，既要把自然界看成一个有机联系的整体，把人类看作自然界的有机组成部分，也应看到生态问题的全球性。地球生态是一个有机系统，其中的有机物、无机物、气候、生产者、消费者之间时时刻刻都存在着物质、能量、信息的交换。每种成分、过程的变化都会影响其他成分和过程的变化。在保护大气层、保护海洋、保护生物多样性、稳定气候、防止毁灭性战争和环境污染等方面，必须依靠全球协作。

生态文明的价值观强调尊重和保护地球上的生物多样性，强调人、自然、社会的多样性存在，强调人与自然的公平，强调物种间的公平，承认地球上每个物种都有其存在的价值。多样性是自然生态系统内在丰富性的外在表现，在人与自然的关系中，一定要承认并尊重、保护生态的多样性。

（五）开放性与循环性

自然界既是一个开放的系统，又是一个充满活力的循环系统。开放性意味着此事物与众多彼事物的联系性，具有一损俱损、一荣俱荣的关系。开放性、循环性是自然生态系统的客观存在方式，这就要求人们在思考人与自然的关系时，把自然界作为一个开放的生态系统，努力认识和把握能量的进出、交换和循环规律。人从自然界中摄取能量时，一定要考虑其承受力，保证自然生态循环系统的顺利进行。

建设生态文明，需要大规模开发和使用清洁的可再生能源，实现对自然资源的高效、循环利用；需要逐步形成以自然资源的合理利用和再利用为特点的循环经济发展模式。要按照自然生态系统物质循环和能量流动的规律重构经济系统，使经济系统和谐地纳入自然生态系统的物质循环过程中，建立起一种符合生态文明要求的经济发展方式，使所有的物质和能源能够在一个不断进行的经济循环中得到合理和持久的利用，把经济活动对自然环境的影响降低到尽可能小的程度。

（六）伦理性与文化性

生态文明是生态危机催生的人类文明发展史上更进步、更高级的文化伦理形态。化解人与自然关系的危机，协调人与自然的关系，应该实现伦理价值观的转变，以生态文明的伦理观代替工业文明的伦理观。传统哲学认为，只有人是主体，自然界是人的对象，因而只有人有价值，其他生命和自然界没有价值，只能对人讲道德，无须对其他生命和自然界讲道德，这是工业文明人统治自然的基础。生态文明认为，人不是万物的尺度，人类和地球上的其他生物种类一样，都是组成自然生态系统的一个要素。不仅人是主体，自然也是主体；不仅人有价值，自然也有价值；不仅人有主动性，自然也有主动性；不仅人依靠自然，所有生命都依靠自然。因而人类要尊重生命和自然界，承认自然界的权利，对生命和自然界给予道德关注，承认对自然负有道德义务。只有当人类把道德义务扩展到整个自然共同体中的时候，人类的道德才是完整的。

生态文明的文化性，是指一切文化活动包括指导我们进行生态环境创造的一切思想、方法、组织、规划等意识和行为都必须符合生态文明建设的要求。培育和发展生态文化是生态文明建设的重要内容。国家应该围绕发展先进文化，加强生态文化理论研究，大力推进生态文化建设，大力弘扬人与自然和谐相处的价值观，形成尊重自然、热爱自然、善待自然的良好文化氛围，建立有利于环境保护、生态发展的文化体系，充分发挥文化对人们潜移默化的作用。

三、生态文明的时代与环境

人类与生态之间的关系，并不仅仅是当今时代研究的课题。从古至今，人类与生态之间一直在不断地相互作用、相互调节，而这些相互作用、相互调节的过程，又因人类发展进程和生产方式的变化，在各个阶段呈现出不同的特征。

（一）黄色的农业文明

农业文明时代，以农耕和畜牧活动为主的生产方式给人类社会带来了重大转折，人类社会朝着农业生产、定居生活、社会分工的方向发展。农业文明带来的最大变化，就是人口猛增和人类定居生活。在较适合人类生存的地区，大量的森林变成了农田，地表植被遭破坏，生物多样性减少，地球生物圈的面貌发生了改变。

人类为了满足越来越多的自我需求，不断地过度放牧和耕种，造成了生态环境的恶化，森林锐减、草地退化、湿地减少、土地荒漠化、水土流失、自然灾害加剧。农业的起源与发展带来了黄色的河水、黄色的天空，形成了黄色的农业文明。

（二）黑色的工业文明

18 世纪，人类进入工业文明时代，征服自然与统治自然成为这一阶段人类对待自然的基本态度。大机器的使用，城市的发展，便捷的交通，人口的激增……工业革命从根本上提升了社会的生产力，创造出巨量的社会财富。但是，工业化的发展以矿物燃料为主要动力，黑色的石油和煤炭被大量开采，导致黑色的烟雾、黑色的河流，并随之带来黑色的工业文明。

工业文明时代，人类取得了光辉灿烂的成就，物质生活和精神生活都得到了极大的改善和发展，科技的进步使生产力得到空前提高。与此同时，人类也因过度消耗自然资源、大范围破坏生态环境、大量排放各种污染物而付出了沉痛的代价。大气污染、水体污染、土壤污染……每一个环境污染的实例，都是大自然对人类敲响的一次警钟。

（三）绿色的生态文明

在沉重的生态危机面前，人们日益明白，黄色的农业文明和黑色的工业文明破坏了地球原本的绿色，黄色道路和黑色道路最终使人类面对危机。面对这一危机，人们开始深刻反思；面对大自然疯狂的报复，以及日益不堪重负的地球，人们开始呼唤绿色，重建绿色，选择了一条与自然和解的道路，绿色的生态文明成为人类文明的新转向。之后，世界各地的人们在追求绿色生态文明的道路上奋发向前。

1970 年 4 月 22 日的“地球日”活动，是人类有史以来开展的第一次规模宏大的群众性环境保护运动。作为人类现代环保运动的开端，它推动了西方国家环境法规的建立，还在一定程度上促成了 1972 年联合国第一次人类环境会议的召开，有力地推动了世界环境保护事业的发展。

“地球日”发起者丹尼斯·海斯

1972 年 6 月 5 日至 16 日，联合国在瑞典斯德哥尔摩召开了“第一届联合国人类环境会议”，这是人类历史上第一次在全世界范围内研究保护人类环境的会议，出席会议的国家和地区有 113 个，共 1 300 多名代表。该会议提出了著名的《人类环境宣言》，成为世界各国政府对环境保护事业引起重视的开端。

1972 年 10 月，第 27 届联合国大会通过了联合国人类环境会议的决议，规定每年的 6 月 5 日为“世界环境日”，并提倡各国政府在每年的这一天开展环保活动，以此提醒全世界注意全球环境状况和人类活动对环境的危害，强调保护和改善人类环境的重要性。

1987 年，世界环境与发展委员会发表了报告《我们共同的未来》，其分为“共同的关切”“共同的挑战”“共同的努力”三大部分。报告以“持续发展”为基本纲领，集中分析了全球人口、粮食、物种和遗传资源、能源、工业、人类居住等方面的情况，系统探讨了人类面临的一系列重大经济、社会和环境问题，并提出了处理这些问题的具体的和现实的行动建议。

1992 年 6 月 3 日至 14 日，联合国环境与发展大会在巴西里约热内卢举行。此次会议对人类的可持续发展具有里程碑意义。此次会议的召开表明全球否定了“高生产、高消费、高污染”的传统发展模式，对发展中的环境问题认识空前提高。此次大会的召开，使环境保护与经济发展密不可分的道理被广泛接受，“可持续发展”这一概念深入人心。

改革开放以来，在党和政府的高度重视下，中国的环境保护事业从无到有，从小到大，发展迅速。从 1974 年到 2018 年，我国环保机构经历了多次变革，逐步从小环保发展到了大环保。

1978 年，中国环境科学学会成立，这是一个全国性的、非政府的、非营利性的、专门从事环境保护事业的科技社团组织，其宗旨是推动环境科学技术的发展，为中国环境保护和可持续发展提供科技支撑与服务，同时站在时代和学科发展的前沿，引领社会进步。1982 年，中华人民共和国城乡建设环境保护部设立环境保护局。1984 年，国务院成立国务院环境保护委员会，领导组织协调全国环境保护工作。1988 年，国务院设立了国家环境保护局，并被确定为国务院直属机构。1998 年，新的国家环境保护总局成立。在 2008 年“两会”后，国家环境保护总局升格为中华人民共和国环境保护部，对全国的环境保护工作实施统一的监督管理。2018 年，中华人民共和国生态环境部成立，主要负责制定环境保护的方针、政策和规定，审定全国环境保护规划，组织协调和督促检查各地区、各部门的环境保护工作。

生态文明是人类积极改善和优化与自然的关系，建设可持续发展的生态社会而取得的所有成果的总和，是人类文明发展到一定阶段的必然产物。英国著名社会学家吉登斯指出，现代社会如同置身于朝四方疾驰狂奔的不可驾驭的力量之中，这种力量必然将现代社会带入被人为制造出来的大量新型风险之中，这其中包括生态破坏和灾难。事实上，这种灾难正在不断逼近：核辐射和核污染、臭氧层破坏、土地荒漠化、淡水危机、能源危机、气候变暖、物种灭绝等，每一种危机都关系人类未来的生存，仅仅是其中之一的全球气候变化就足以让人们惴惴不安。人类只有以平等的心态调整同自然的关系，才能摆脱巨大的生态风险，远离灭顶之灾。生态文明是人类实现可持续发展的必然需求，是人类未来发展之本。

第二节　生态文明的内容及建设原则

一、生态文明的主要内容

（一）生态精神文明

生态文明建设中一项很重要的内容，就是在全社会牢固树立生态文明的精神。生态文明精神是人们正确对待生态问题的一种进步的观念形态，包括进步的生态意识、进步的生态心理、进步的生态道德以及体现人与自然平等、和谐的价值取向、环境保护和生态平衡的思想观念和精神追求等。讲究生态文明，意味着确立一个新的价值尺度或价值核心。建设生态文明，在全社会树立生态文明理念是首要工作。提倡尊重自然、认知自然价值，建立人自身全面发展的文化与氛围，从而转移人们对物欲的过分强调与关注。

建设生态文明必须以习近平生态文明思想为指导，从思想意识上实现从传统的“向自然宣战”“征服自然”等理念，向树立“人与自然和谐相处”的理念转变；从把增长简单地等同于发展、重物轻人的发展理念，向以人的全面发展为核心的发展理念转变。建设生态文明，就要人人树立资源有限、环境有限的理念，树立人与天地一体的理念，像爱惜保护自己的身体那样去爱惜保护自然。

我们应大力弘扬人与自然和谐相处的核心价值观，在全社会牢固树立生态文明的价值观，使生态文明理念深入人心，生态保护成为公众的价值取向，生态建设成为公众的自觉行动。建设生态文明，需要将生态文明精神扩展到社会管理的各个方面，渗透到社会生活的各个领域、各个环节，成为广泛的社会共识。

（二）生态经济文明

建设生态文明，要求社会经济与自然生态的平衡发展与可持续发展。在生态文明理念的指导下，经济发展将致力于消除经济活动对大自然自身稳定与和谐构成的威胁，逐步形成与生态相协调的生产生活与消费方式。目前，我国已经把保护自然环境、维护生态安全、实现可持续发展这些要求视为发展的基本要素，提出了通过发展去实现人与自然的和谐以及社会环境与生态环境平衡的目标。

建设生态文明，前提是发展。传统的工业文明固然使一些地方因经济的快速增长而带来了物质上的富裕，但毫无节制地消耗自然资源的生产方式，已经使经济社会的发展受到了极大制约。如果不能以生态文明及时予以矫正，经济社会发展就不能持久。这就需要在发展的同时，保护好人类赖以生存的环境；需要转变经济发展方式，走生态文明的现代化道路；需要把经济发展的动力真正转变到主要依靠科技进步、提高劳动者素质、提高自主创新能力上来。

要防止重经济发展、轻生态保护的现象。必须彻底摒弃靠牺牲生态环境来实现发展，先发展后治理等传统的发展观念和发展模式。我们也不能从一个极端走向另一个极端，以停滞经济发展来实现生态环境保护。从根本上说，生态环境保护是为了促进经济社会又好又快发展。我们强调保护生态环境，是要求经济社会发展必须充分考虑到环境承载力，充分考虑到给后人发展留有一定的余地，充分考虑到老百姓接受的程度。我们的目标是把经济发展和生态保护统一在可持续发展上，实现经济发展和生态环境保护的双赢。

（三）生态政治文明

政治文明的功能是通过制度的安排和国家公共权力的运用来维系社会秩序，通过公平分配社会资源来保障个人的权益，保障生态文明建设。生态政治文明，要求尊重利益和需求的多元化，注重平衡各种关系，避免由于资源分配不公、人与人之间的争斗以及权力的滥用而造成对生态的破坏，由公共权力限制损害生态环境行为的发生，维护人的生命健康安全。

党和政府要重视生态问题，把解决生态问题、建设生态文明作为中国特色社会主义建设的重要内容。把生态文明建设作为实现好、维护好、发展好人民群众根本利益的一项重要任务，把维护人民群众的生态环境权益作为工作价值判断的重要标准，为推进生态文明建设提供制度基础、社会基础以及相应的设施和政治保障。

建设生态文明，必然会对国家的民主和人权、社会经济制度等方面产生影响。环境保护的实质是维护人的环境权益。就民主建设而言，必须切实维护好人民群众参与生态环境保护的权利。政府要进一步公开各类信息，畅通人民群众监督、投诉、管理生态事务的渠道，保证人民群众生态文明建设的知情权、参与权和监督权，让人民群众从生态文明建设中深切体会和明确认识自己的利益所在，从而激发其参与生态文明建设的热情。

（四）生态科技文明

生态科技文明是对近现代科学技术反思之后的科技生态化转向。它以协调人与自然之间的关系为最高准则，以不断解决人类发展与自然界和谐演化之间的矛盾为宗旨，以生态保护和生态建设为目标。应该认识到，科技是协调人与自然和谐发展的直接手段和重要工具。科学研究和技术应用要能够促使整个生态系统保持良性循环，能为优化生态系统提供智力支撑。科学技术活动，最基本的要求就是要服从自然本身的属性，接受自然科学对规律认识的限制。

对于生态文明来说，科学技术是一柄“双刃剑”。一方面，20 世纪以来传统工业化对自然资源高强度、掠夺性的开发使用，所造成的生态破坏和环境污染与现代科学技术的推动有关；另一方面，科学技术在节约资源、保护生态、改善环境等方面也不断发挥着越来越显著的作用。我们应该积极预防科技应用可能引发的负面效应，着力突破制约生态文明建设和可持续发展的重大科学问题和关键技术，大力开发和推广节约、替代、循环利用资源和治理污染的先进适用技术，不断为生态文明建设提供科学依据和技术支撑。

要深刻地认识自然规律，认识人与自然相互作用的规律，认识我国自然资源与生态环境的现状及其变化的趋势，认识社会复杂系统的演化和调控规律，以便及时自觉地调整人与自然的关系，积极推动向资源节约型、环境友好型社会转变。要树立综合的科技评价体系，避免用单一的经济指标来评价科技的优劣，应该从生态、人文、美学等各方面建立起合理的科技价值体系，引导科学技术健康、持续发展。

（五）生态制度文明

人类自身作为建设生态文明的主体，必须将生态文明的内容和要求内在地体现在人类的法律制度中，并以此作为衡量人类文明程度的标尺。建设生态文明，内在地包含着保护生态、实现人与自然和谐相处的制度安排和政策法规。正确对待生态问题的制度形态，包括生态制度、法律和规范，强调健全和完善与生态文明建设标准相关的法制体系。为了积极推进生态文明建设，国家必须加强生态法治建设，通过立法的方式，提高人们对环境承担责任的意识。

随着我国社会主义市场经济的发展和建设社会主义法治国家进程的加快，生态保护的法律法规在生态文明建设中发挥着越来越重要的作用。系统的法律和制度体系，是落实生态文明建设的有效保障。当务之急是强化政策导向，形成激励和约束机制，改革绩效考评体系。根据不同地区经济发展的实际水平和人口、资源、生态环境的总容量，确定不同的发展目标，制定相应的考核评价体系，赋予不同的经济政策，明确生态环境保护的职责、权利和义务。政府要调动人民群众保护生态环境的积极性，使公众学会运用生态环境保护法律法规来维护自身的生态环境权益，并敢于对污染和破坏生态环境的行为进行检举和控告。

（六）生态实践文明

建设生态文明，人们应该将生态文明的内容和要求由内而外地体现在自己的生产、生活和行为方式中，体现在各种活动实践中。生态文明建设是一项系统、深刻的社会变革工程，既需要自上而下的发动与贯彻，也需要自下而上的参与和推动。就当前我国生态文明建设的实践而言，在自下而上的公众参与方面稍显滞后和不足，往往导致一些法律难以有效执行，制度难以有效贯彻，政策难以有效落实。也由于生态意识淡薄，人民群众在日常生活的较多方面存在与生态文明不相适应的不良行为习惯。

目前，生态文明的观念和机制正在形成，并日益深刻地影响着所有社会组织和个人的行为方式。建设生态文明，关键在于人的行动，在于形成符合生态文明要求的生活方式和行为习惯。人们的生活方式应自觉以实用节俭为原则，以适度消费为特征，应该追求基本生活需要的满足，崇尚精神和文化的享受。作为物质产品的生产者和消费者，人们应该在生产和生活中养成节约资源、善待环境、循环利用、物尽其用、降耗减排的良好习惯，主动抑制直至改掉浮华铺张、奢侈浪费等不良习惯。

二、建设生态文明的重要意义

在我国，提出建设生态文明，也是基于生态环境问题日益突出、资源环境保护压力不断加大的新形势。改革开放以来，我国经济社会发展成就巨大，也积累了不少矛盾和问题。突出表现为我国经济发展在很大程度上是靠物质资源投入实现的，主要依赖投资和增加物质投入的粗放型增长方式，能源和其他资源的消耗增长过快，生态环境恶化问题日益突出，资源环境代价过大。这种以牺牲环境来换取经济增长的发展模式已经难以为继。提出建设生态文明，不论是对于实现以人为本、全面协调的可持续发展，还是对于改善生态环境、提高生活质量、全面建成小康社会，都是至关重要的。建设生态文明，既继承了中华民族的优良传统，又反映了人类文明的发展方向，具有极其重要和深远的意义。

白洋淀淀区拍摄的青头潜鸭与白眼潜鸭混群

（新华社记者　邢广利　2022 年 7 月 22 日摄）

（一）建设生态文明是发展中国特色社会主义的必然选择

我国人口众多，资源相对不足，生态环境承载能力脆弱。特别是随着经济快速增长和人口不断增加，能源、水、土地、矿产等资源不足的矛盾越来越尖锐，生态环境形势十分严峻。高度重视资源和生态环境问题，增强可持续发展能力，是建设中国特色社会主义社会的重要目标，也是关系中华民族生存与发展的根本大计。近年来，我国生态环境保护工作取得了积极进展，但是，长期积累的生态问题尚未得到解决，新的生态问题又不断产生，一些地区的环境污染和生态破坏已经到了相当严重的程度。发达国家上百年工业化过程中阶段性出现的生态环境问题，在我国已经集中出现，不仅造成了巨大的经济损失，还给人民生活和健康带来严重威胁，直接危及中国特色社会主义建设的进程。我们必须通过发展方式、消费方式的根本性调整，大力提高资源利用效率，大幅度降低污染排放强度，力争以最小的资源和生态代价，支撑和促进中国特色社会主义又好又快地发展。

（二）建设生态文明是全面建成小康社会的客观要求

在我国这样的人口大国，建设惠及十几亿人口的更高水平的小康社会，最紧迫的任务就是要改变传统发展思维和模式。倘若继续沿袭高投入、高能耗、高排放、低效率的粗放型增长方式，走先污染后治理、边污染边治理的发展道路，全面建成小康社会的奋斗目标就难以实现。当前，我国正处于工业化、城镇化加速发展时期，资源供应不足、能源严重紧缺、环境压力加大已经成为全面建成小康社会的关键性制约因素，建设生态文明已经成为全面建成小康社会，实现经济社会可持续发展的根本要求。

首先，转变对发展本质的理解，从单纯强调经济发展转变为注重经济与自然的协调发展。必须纠正“顶着发展名义的畸形发展”，建立以绿色 GDP 为核心的国民经济核算体系。绿色 GDP 是指用以衡量扣除自然资源损失后新创造的国民财富总量的核算指标。实施绿色 GDP 的关键是通过市场竞争促使企业增强环保意识，规范环保行为。我们反对西方生态主义者只要生态环境而不要经济增长的主张，同时，也反对资本主义制度只要经济增长不要生态环境的经济发展模式。

其次，树立生态经济观。21 世纪是生态文明的世纪，站在人类文明的关键点上，反思既往的发展模式，确立经济与生态协调发展的生态经济观，已成为时代的必然。改革开放以来，虽然我们取得举世瞩目的成就，但也日益面临着生态危机的严峻挑战，一些地方政府一味地强调经济增长，把不顾环境恶化的经济增长也看成是政绩，一些人的环境意识仍很淡薄。这样做的最后结果是生存环境一天天恶化，经济发展最终停滞。在社会主义和谐经济建设中，绝不能再走西方国家先发展、后治理的老路；绝不能再走传统的依靠高投入、高消耗、低产出、低效益的粗放型经济增长道路；绝不能再以浪费资源、牺牲生态环境为代价来换取经济的高速增长。政府必须转变发展观念，树立生态经济观，必须兼顾经济与环境的协调发展。

最后，发展循环经济，建设节约型社会。“循环经济是指在人、自然资源和科学技术的大系统内，在资源投入、企业生产、产品消费及其废弃的全过程中，把传统的依赖资源消耗的线性增长经济，转变为依靠生态型资源循环来发展的经济。循环经济的系统，是由人、自然资源和科学技术等要素构成的大系统。”传统经济是由“资源—产品—污染”构成的物质单向流动的线性经济，其特征是高消耗、低效益、高污染，对资源的利用常常是粗放的、一次性的；而循环经济倡导的是一种建立在物质不断循环利用基础上的经济发展模式，形成一个“资源—产品—再生”的双向反馈式流程，其特征是低消耗、高效益、低污染，所有的物质和能源都能在这个不断进行的经济循环中得到合理和持久的利用。循环经济充分考虑自然生态系统的承载能力，尽可能节约资源并循环使用，不断提高资源利用率，以良性循环来创造社会财富。发展循环经济能够减少经济增长对资源和环境的压力，实现经济发展方式的根本转变。循环经济是解决经济发展和环境问题冲突的最佳发展模式；循环经济是环境与经济良性发展的实现途径，是建设资源节约型社会的重要途径。中国发展循环经济应立足本国国情，建立推进循环经济的产业技术标准、市场准入标准和科技创新体制、技术创新体系。必须提高产业技术标准，提高生产率，降低和减少资源、能量的消耗，杜绝高耗能产业上马。

（三）建设生态文明是促进社会和谐的基础和保障

生态文明关乎民生问题，要尽力满足人民群众关于生态的诉求。推动经济发展和社会生产的生态文明建设，其实就是为人民群众创造良好的生态环境，满足人民群众的需求，促进人与自然和谐相处。有关人民生计的生态关怀是中国共产党十分关心和关注的问题。如今，人民群众从重生存已经转变到了重生态，人民的环境保护意识也在不断地提高，生态环境的问题已经成为民生中的重要问题。良好的生态环境，不仅影响着经济的发展，还关乎着社会的问题，它是经济问题，同时也是政治问题。生态文明的核心是人与自然、人与社会和谐相处。良好的生态环境本身就是构建社会主义和谐社会的基本要素。大力倡导绿色消费、文明消费，弘扬人与自然和谐相处的核心价值观，在全社会牢固树立与保护生态相适应的政绩观、消费观，形成尊重自然、热爱自然、善待自然的和谐氛围是生态文明建设的基本内容。如果人与自然的关系不和谐，就会影响人与人的关系、人与社会的关系；生态危机和环境恶化会直接威胁人们的生存环境和身心健康，极易引发环境纠纷和群体性事件，影响社会的和谐。人类发展至今，已经深深意识到没有生态安全，人类自身就会陷入严重的生存危机，和谐社会的构建就无从谈起。

首先，应倡导可持续发展的生活方式。可持续发展的生活方式是一种更高级的生活结构，是一种新的消费文化。它的主要特征包括：以知识和智慧价值代替物质主义价值；以适度消费代替过度消费；以简朴生活代替奢侈和浪费；消费生活从崇尚物质转向崇尚精神；绿色消费是俭朴生活的新表现。可持续发展的生活方式的特征表明，它是一种比传统的高消费生活更丰富、更高级的生活结构，是一种更符合人的本性从而更适合人的需要的生活，也是一种更符合自然本性从而更适应人类未来可持续发展的生活，因此，是一种有更高生活质量的新的生活。可持续发展思想应是绿色、和谐的消费文化的内核，绿色、和谐的消费文化一定是可持续发展的。可持续发展的生活方式要求我们必须批判传统的“发展＝经济增长”的片面发展观，批判传统的挥霍资源式的消费、继承和发扬传统的节俭美德，培育绿色文化。

其次，应倡导适度消费。适度消费就是践行绿色、和谐的消费文化的方式。“适度消费以节俭为特征，它不反对随着经济发展不断提高消费水平，只是反对‘为地位而消费’的过量消费中的挥霍和浪费。”真正合理的消费应该是一种综合考虑经济、生态、社会、文化诸方面利害关系的适度性消费；是一种理性、文明、健康而有节制的消费；也是一种既满足人类合理的不断提高的物质享受，又做到物尽其用，提高人类消费的效率和生活质量的消费。

最后，我们要正确认识人与自然的关系，统筹人、社会与自然的和谐发展。人类社会的一切制度和行为方式都应遵循生态性、系统性原则，要与自然保持一种平等协调、和谐共处的关系，只有这样，才能保证社会经济与生态环境的协调发展。在我国现代社会中，长期居主导地位的传统价值观认为：自然财富是无限的，人的物质需求也是无止境的，人类只有不断地征服自然、扩大消费，才能促进经济发展，满足人们不断增长的物质需求。在这种旧价值观的支配下形成了人类中心主义，倡导一切以人为中心，一切以人为尺度，一切从人的利益出发，一切以经济建设为中心，结果导致了生态环境恶化，人们的生产、生活受到严重影响。科普读物《寂静的春天》促使人类开始关注生态伦理，将人类正当行为的概念扩大到包括对自然界的关心、尊重所有生命和自然界。现代环境哲学把人、社会与自然界作为一个统一的整体来看待，把世界看作“自然—经济—社会”的复合生态系统，是人、社会和自然相互作用的有机整体。

（四）建设生态文明是提高我国国际竞争力的重大举措

改革开放 40 多年来，我国在经济建设方面取得多项第一，获得了举世瞩目的成绩。但在这成绩的背后，生态环境受到无法弥补的破坏，能源消耗、空气污染、水污染、耕地减少、土质退化、生态失调、环境恶变等环境问题，已经严重影响到中国可持续发展的生态保护问题。这不仅需要我们从理论上、政治上找到改变现状的依据，更需要在实践中找到有效的措施，完善中国特色社会主义生态文明建设理论。

随着全球环境问题的日益突出，自然资源和生态环境的稀缺成为人类社会面临的共同问题。出于全球环境保护的需要，生态化设计、循环利用资源、保护环境等已成为国家产品竞争力的重要标志。可以预见，谁在有利于环境保护的产品设计、技术创新方面占据优势，谁就会在新的国际竞争中占据制高点。在工业化的进程中，我国明确提出建设生态文明，把建设资源节约型、环境友好型社会放在现代化发展战略的突出位置，必将从根本上摒弃发达国家大量消费、大量废弃的传统模式，为全球环境保护作出积极贡献。

三、建设生态文明的重要原则

（一）可持续发展原则

强调发展的可持续性是生态文明的一个突出特征。可持续发展离不开可持续的生态环境和可持续的社会环境。为了能够将一个可持续的生态环境留给子孙后代，我们应把经济系统的运行控制在生态系统的承载范围之内，实现经济系统与生态系统的良性互动与协调发展。我们还应选择可持续的资源发展战略，通过技术创新提高资源的使用效率，保护生物的多样性，增加自然资本的储备及其在国民财富中的构成比例。为了能够将一个可持续的社会环境留给子孙后代，我们应营造一个更加公正而平等的社会环境，包括建设一个能够使人们的基本权利在更大的范围内得到实现的制度文明；应适度控制人口规模，提高人口质量和人们受教育的水平；应倡导绿色生活方式和绿色消费。可持续发展作为人类社会的发展理念，尽管在其发展的范畴上大大超出了纯经济的范围，但是经济发展无论是在时间上还是在空间上，始终是可持续发展的基本内核。如何在可持续发展原则指导下进行经济立法，建立科学而行之有效的经济法律法规体系，有赖于对在可持续发展原则指导下制定经济法律法规的基础——可持续发展的基本理论进行必要的研究。可持续发展的核心，在于正确规范两大基本关系：一是“人与自然”的关系，二是“人与人”之间的关系，实现人类文明的永恒延续。它的理论认同在于能深刻揭示“自然—社会—经济”复杂系统的运行机制。在这个空前复杂的领域中，自然规律应当被充分揭示，人文规律也应当被充分揭示，自然与人文相互交织并在更高层次上演绎的规律更应当被充分揭示。

可持续发展的概念，包含以下几个方面的内容：

（1）不断满足当代人和后代人的生产和生活对于物质、能量和信息的需求，既从物质或能量等硬件的角度予以不断地提供，也从信息、文化等软件的角度予以不断地满足。这里强调的是“发展”。

（2）代际之间应体现公正的原则，共同使用和管理属于全人类的自然和环境，同时每一代人也要以公正的原则担负起各自的责任，当代人的发展不能以牺牲后代人的发展为代价。这里强调的是“公正”。

（3）区际之间应当体现均富、合作、互补、平等的原则，缩短空间范围内的差距，共同实现“自然—生产—市场”之间的内部协调，不应造成物质上、能量上、信息上甚至心理上的鸿沟。这里强调的是“合理”。

（4）创造“自然—社会—经济”支持系统的外部适宜条件，人类生活在一种更严格、更有序、更健康、更愉悦的内外环境之中，为此应当将系统的组织结构和运行机制，予以不断优化。这里强调的是“协调”。

基于可持续发展的基本概念，从其理论架构和表达方式上解析，可持续发展具有三大本质特征：

（1）发展度。该特征表达并衡量一个国家或区域的发展状况，即能够判别一个国家或区域是否得到了真正的发展，是否在健康地发展，以及是否在保证生活质量和生存空间的前提下不断地发展。对此，必须澄清一个容易混淆的观念，即认为可持续发展似乎不强调经济增长的财富积累，有时甚至把可持续发展视同停止向自然取得资源，以维持生态环境的质量，这显然是与可持续发展理论的本质背道而驰的。

（2）协调度。该特征衡量一个国家或区域经济与社会发展中的矛盾性，即要求定量地诊断或在同一尺度下比较经济与社会发展之间的平衡，效率与公正之间的平衡，市场发育与政府宏观调控之间的平衡，当代与后代之间在利益分配之间的平衡。如果说发展度主要强调量的概念，即经济财富的扩大，那么协调度则更加强调经济内在的效率和质量的概念，即合理地优化经济结构、调控财富的来源与积累、分配以及自然在满足全人类需求中的行为规范。

（3）持续度。该特征衡量一个国家或区域在发展上的长期合理性，注重从时间的尺度上去把握发展度和协调度。这里所指的“长期”，近者可以是五代或十代人的时间，远者直至整个人类的未来，不应是在短时段内的发展速度和质量。

（二）公平原则

生态文明所提倡的公平是一种广义的公平，包括人与自然之间的公平、当代人之间的公平、当代人与后代人之间的公平。人与自然的公平主要表现为依据人与自然协调发展的原则考量生态系统和社会系统的需要，既维护生态系统的平衡和稳定，又使人类的生存和发展需要得到满足。代际公平是生态文明关注的一个焦点。在制订当代人的发展计划时，应依据代际公平的原则，综合考虑当代人的需要和后代人的需要，将一个可持续的生态环境和社会环境留给子孙后代。从总体上看，当代人之间的公平处于公平问题的核心。当代人之间的不公平既阻碍人与自然之间公平的实现，使当代人之间难以就全球环保合作达成共识，也会影响代际公平。我们留给后人的不公平的社会环境，将增加他们实现彼此间的公平以及与自然的公平的难度。因此，实现当代人之间的公平是确保公平原则得以实现的关键。此外，公平的实现也离不开和平的社会环境。进入 21 世纪之后，国际社会在全球化的推动下，已经日益形成一个整体。因此，生态危机也早已超越国界，成为国际社会需要共同面对的问题。

整个国际社会是一脉相连的，同呼吸，共命运，是一个不可分割的命运共同体。保护生态环境，应对气候变化，维护能源资源安全，是全球面临的共同挑战。习近平在致生态文明贵阳国际论坛 2013 年年会的贺信中指出：“保护生态环境，应对气候变化，维护能源资源安全，是全球面临的共同挑战。中国将继续承担应尽的国际义务，同世界各国深入开展生态文明领域的交流合作，推动成果共享，携手共建生态良好的地球美好家园。”2016 年 9 月，在二十国集团 (G20) 领导人杭州峰会开幕式上，习近平同志提出倡议：“共同构建绿色低碳的全球能源治理格局，推动全球绿色发展合作。”全球生态治理，中国因素不可或缺。在生态文明建设过程中，我国已将其纳入国家经济社会发展的中长期计划，积极承担与我国国情和实际能力相符合的国际义务，在全球生态治理上展现了一个负责任、有担当的大国形象。

（三）整体原则

随着经济的不断发展、科技的不断进步，世界各国间的联系日益紧密，往来愈加频繁，合作更加便利。伴随着国家改革开放程度的不断加深，我国经济发展取得了巨大成就，现已成为全球第二大经济体，越来越多的国家表现出强烈的合作意向，想与中国携手并进、共创辉煌。中国的发展离不开世界，世界的发展也需要中国，世界各国间的联系日益密切，相互之间不可分离。在拥有发展机遇的同时，与之相对应存在诸多问题和挑战，生态环境日益成为焦点。臭氧层的空洞、海上原油泄漏、大面积的土地荒漠化、雾霾的加重等诸多全球性的生态环境破坏事件层出不穷，这些问题的影响范围已经远远超越了本国，延伸至世界。

中国积极履行大国职责并投入全球生态环境保护事业中去。环保基金的成立、环保志愿者组织的建立等实际行动，表明中国愿意和世界一道共同创造“绿色地球”。地球上的所有生命都是自然大家庭的成员。各种生命之间不仅相互影响，而且还与地球构成了一个密不可分的有机整体。作为这个大家庭中一个晚到的成员，人类虽然依靠自己的聪明才智获得了巨大的生存空间，但我们的生存仍然离不开生态系统和其他生命的支撑。如今，随着人类活动越来越深地渗透到地球家园的每一个角落，人类的命运与这个大家庭中其他成员的命运紧密地联系在一起。整体原则不仅强调人类与自然的有机联系，还展示了人类作为一个整体共同面对环境危机的必要性和可能性。随着经济全球化进程的加速，全人类的命运越来越紧密地联系在一起。环境污染没有国界。任何一个国家都不可能单独解决人类所面临的环境问题。如果其他国家不同时采取相应的行动，任何一个或几个国家的环保努力都将劳而无功。因此，在建设生态文明时，我们应在更深的层次和更广的范围内采取协调行动，共同应对全球环境问题的挑战。

（四）和谐原则

自然界发展到一定历史阶段的产物是人，自然界又为人类提供了生存和发展的环境及条件。正如恩格斯在《反杜林论》中提出的：“而人本身是自然界的产物，是在自己所处的环境中并且和这个环境一起发展起来的。”① 人具有自然属性，人与自然不可分离，因此，人与自然的关系也是相辅相成、相互依存的。此外，人类的生存和发展以自然为基础，人类实践活动的对象也是自然。人类的生存需要依赖自然加以维持，人与自然之间通过物质、能量和信息交换获取物质资料，获得精神满足。人类离不开自然界，人的情感、意志、智慧和灵气都是大自然赋予的财富，人类的发展在物质和精神层面上都依赖于自然。

马克思在《1844 年经济学哲学手稿》中指出：“人直接地是自然存在物。人作为自然存在物，而且作为有生命的自然存在物，一方面具有自然力、生命力，是能动的自然存在物，这些力量作为天赋和才能、作为欲望存在于人身上；另一方面，人作为自然的、肉体的、感性的、对象性的存在物，同动植物一样，是受动的、受制约的和受限制的存在物，就是说，他的欲望的对象是作为不依赖于他的对象而存在于他之外的，但是，这些对象是他的需要的对象，是表现和确证他的本质力量所不可缺少的、重要的对象。”② 因此，人与自然的关系是受动性和能动性的统一。人作为自然的存在物，受到自然的限制和制约，而人也能够通过劳动实践对自然加以干涉、进行改造。人类只有服从自然界的发展规律，才能与自然界共同进化、协调发展。马克思主义“人化自然”思想的核心是人与自然在实践基础上的统一，人类要在尊重自然、保护自然和敬畏自然的基础上实现价值，同时也要维护生态系统的稳定性和完整性。自然、社会与人的相互关系是马克思自然观的哲学基础，实践的辩证观是从人的实际活动出发，建立在自然、社会与人的相互作用基础上，既注重人的社会关系本质，又注重人与自然相互作用的原理，充分尊重自然规律。

---

① 马克思，恩格斯 . 马克思恩格斯文集：第九卷 . 北京：人民出版社，2009：38.

② 马克思，恩格斯 . 马克思恩格斯全集：第三卷 . 北京：人民出版社，2007：324

人类对客观自然规律的认识随着人类社会生产力发展水平不断提高而不断深化。人类社会在不同发展阶段，对自然界的影响和作用显著不同。从原始社会人与自然的原始和谐关系，到农业社会人与自然的融合非对立关系，再到工业社会人与自然的对立局面，人与自然之间的生态矛盾随着社会的发展进步呈现尖锐化的趋势。马克思主义生态文明思想认为，人类应该在尊重自然界客观规律的基础上通过实践活动改造自然，否则不仅不能达到预期的目标，反而会遭到自然的报复。正如恩格斯在《自然辩证法》中所说："因此我们每走一步都要记住：我们决不像征服者统治异族人那样支配自然界，决不像站在自然界之外的人似的去支配自然界——相反，我们同我们的肉、血和头脑都是属于自然界和存在于自然界之中的。"[①] 因此，人与自然和谐发展的必要条件是尊重自然规律。针对如何解决资本主义工业文明时期环境恶化的难题，马克思、恩格斯从科学技术的角度进行了充分阐释，主张依靠科学技术改进生产方式，有效地减少废弃物的产生，减轻对环境的压力。发展科学技术是实现人与自然和谐发展的重要途径。

此外，人是在自然的基础上进行创造性劳动的，自然界为人类创造经济价值提供产品材料，也为劳动者提供生活资料。人们在自然物质生产的基础上进行社会物质生产，在社会物质生产过程中又创造了一个人化自然的世界，二者相互作用、相互转化。因此，人类要实现可持续发展，就必须正确认识自然再生产与物质再生产的统一关系，推动人口、资源与经济的协调发展，按照自然生态系统运行的规律要求开展自身的生产生活等实践活动。

（五）以人为本原则

生态文明建设的最终目标是要为人民服务。生态环境的保护是为少数人谋利还是为大多数人服务，这是生态史观首先要回答的问题。马克思生态史观的最终追求一直是为人类本身服务，像保护人类自身一样去保护生态环境。习近平生态文明思想处处透露着以民为本的情怀，以对人民群众、对子孙后代高度负责的态度和责任，真正下决心把环境污染治理好、把生态环境建设好，努力走向社会主义生态文明新时代，为人民创造良好生产生活环境。良好的生态环境是最公平的公共产品，是最普惠的民生福祉。保护生态环境，关系最广大人民的利益，关系中华民族的长远利益，是功在当代、利在千秋的事业。

生态污染

当前，生态污染问题突出，严重影响了人民群众的切身利益。习近平同志多次强调要为民谋福祉，满足人民群众对蓝天、青山、绿水的要求，将"群众满不满意、高不高兴、答不答应"作为衡量工作成绩的重要标准。不仅要在生态环境保护方面作出严格要求和合理布

① 马克思，恩格斯．马克思恩格斯文集：第九卷．北京：人民出版社，2009：560.

局，而且要以环保为基础，大力推进经济发展方式的转变，进一步完善生态法治建设，将绿色发展观念落实到社会发展的过程之中，以此来保护人民的生存环境。国家的发展离不开人民群众，人民群众的利益也正是国家发展所追求的目标，而生态环境的优劣与人民利益休戚相关，最直接的影响就是人民群众的生活环境，良好的生态环境是健康生活的基础。不仅要让人民群众喝上干净的水、呼吸到清洁的空气、吃上绿色的粮食和蔬菜，而且要让人民群众拥有干净整洁、规范有序的生活环境，让绿色公园融入人们的日常生活，改善人们的居住环境，从而提高健康水平和幸福感。国家发展是人民群众物质生活和精神生活改善的基础，推动国家持续健康发展不能停止。现阶段，国家发展和生态环境之间要和谐共融，相互促进。因此，转变经济发展方式，调整国家产业结构势在必行，要充分发挥市场的作用，将滞后于国家发展和生态环境保护的老旧企业进行改造升级或淘汰，让国家经济朝着绿色、环保、健康的方向持续发展，进而为人民群众提供工作机会，改善工作环境。除此之外，也要为后代子孙的发展做好奠基，坚定不移地走可持续发展道路，让天更蓝、水更绿、山更青、社会更和谐。

第二章　认识生态危机

学习目标

知识目标

1. 了解生态危机的内涵。
2. 了解生态危机的主要特征。
3. 了解当前人类面临的主要生态危机。

技能目标

1. 理解造成生态危机的主要因素。
2. 在生活中养成良好习惯，习得环境保护基础技能，自觉抵制环境破坏和污染。

素质目标

1. 提升对生态危机的整体认知。
2. 增强对生态危机相关知识的学习意识，为后面的学习打下基础。

大学生是国家的未来，他们的生态观念和环保行为将直接影响国家生态文明建设的进程。生态危机教育可以提高大学生的生态环境科学素养，还可以引导大学生树立正确的世界观、人生观和价值观，培养具备生态道德和环保素养的社会主义建设者和接班人。

第一节　生态危机概说

一、生态危机的内涵

在21世纪，全球经济发展取得了举世瞩目的成就，人们的生活水平不断提高。然而，在追求经济增长的同时，人类也面临着一系列生态环境问题，如环境污染、资源枯竭等。这些问题逐渐加剧，出现了生态危机。

（一）生态危机的概念

生态危机是指由于人类活动过度消耗和破坏自然资源，导致生态系统失衡、环境恶化，从而威胁人类生存和发展的一种危机。它涵盖了自然、社会、经济、政治等多个层面，是一种全局性、长期性的危机。

（二）生态危机的本质

生态危机的本质是人与自然关系的失衡。在人类社会发展的过程中，人们过度追求物质财富，忽视生态环境保护，导致自然资源枯竭、生态环境恶化。这种失衡不仅影响了生态系统的稳定，还威胁到了人类的生存和发展。

（三）生态危机的类型

生态危机可分为两类：一是资源危机，如资源枯竭、土地荒漠化等；二是环境危机，如大气污染、水污染、土壤污染等。这两类危机相互交织、相互影响，共同加剧了生态危机的程度。

（四）生态危机的影响

生态危机对人类社会产生了深远的影响。首先，它导致人类严重的健康问题，例如环境污染引起的哮喘、支气管炎、肝癌、膀胱癌等疾病，以及多种食物中毒等。其次，生态危机影响人类的经济发展，例如水污染影响渔业和农业的发展，导致农村经济发展减缓。最后，生态危机还会对人类的生存安全造成巨大威胁，例如气候变暖会导致海平面上升，使得低洼地区面临海水倒灌和水灾的危险。

二、生态危机的主要特征

（一）生态危机具有潜伏性

从短期来看，生态问题引发的环境变化不容易被人们察觉。但从长期来看，生态问题积聚到一定程度就会大规模爆发，引发生态危机。生态危机一旦形成，后果将不堪设想，而大自然也将在几十年甚至上百年内都难以得到恢复，并且影响下一代人的健康和生活。

（二）生态危机具有全面性

生态危机的全面性主要体现在两个方面。一方面，从生物圈的角度看，目前人类面临的生态危机已经遍布整个地球生态圈，如大气圈有气候变暖、臭氧层破坏、酸雨蔓延等危机，水圈有水体污染、海洋污染等危机，土壤圈有森林锐减、土地荒漠化等危机。同时，各个生物圈的危机也是相互影响的，如大气圈中气侯变暖的危机给水圈带来了海平面上升的灾难。另一方面，从人类的生存环境来看，生态危机是全方位的，是全球性的危机。

（三）生态危机具有复杂性

生态系统是多要素、多结构、多功能和多变性的复杂系统。正是生态系统的复杂性，决定了生态危机的复杂性。

首先，生态危机的表现形式是复杂的。由于地球生态系统遭受的破坏是多种多样的，因而生态危机的表现形式是复杂多样的，如全球气候变暖、臭氧层破坏、酸雨蔓延、大气污染、水污染、生物多样性锐减、土地荒漠化、森林面积大量减少等。

生态危机之土地荒漠化

其次，生态危机的根源是复杂的。生态系统的恶化并非单一因素造成的，而是诸多因素共同作用的结果。例如，造成生态危机的人为因素包括人口爆炸式增长、人类不合理的生产生活方式、人类生态意识的缺乏等。

最后，生态危机的后果是复杂的。从生态系统内部来看，生态危机具有连锁反应，一个生态危机往往会引发难以预料的其他生态危机，如人口危机可能引发粮食危机、环境危机可能引发资源危机等。

（四）生态危机具有不可逆性

生态系统本身具有自我调节能力，以保持或恢复自身结构和功能的相对稳定。但这种自我调节能力有一定限度，如果外界干扰超过了这个限度，生态系统就会遭到破坏，严重时就会爆发生态危机。生态危机一旦爆发，往往会造成不可逆转的后果。例如，野生动植物一旦灭绝，就无法再生。

第二节　造成生态危机的因素

导致生态危机的根源是以人为自然之主的价值观念，由此产生了人为不合理开发、过度开发环境资源的行为，从而引起生态环境退化和生态系统严重失衡，造成生态危机。

一、人为干扰和破坏环境

我们首先要认识到，人类的生产和生活活动对环境产生了巨大的影响。这些活动产生了大量的废气、废水、垃圾等，不断排放到自然环境中。这些废弃物对环境的影响是多方面的，其中包括加剧气候变化、水资源污染、土壤质量下降等。这些问题不仅对人类自身的生存条件造成威胁，也对动植物的生存环境产生严重的影响。

另外，我们需要关注的是气候变化问题。二氧化碳的大量排放是导致地球气候变暖的主要原因，这将进一步引发极端气候事件，如热浪、暴雨、干旱等。二氧化硫和氮氧化物的大量排放会引发酸雨，对农作物、水源和生态系统造成长期的破坏。

人为破坏环境之滥砍滥伐

人类对自然环境资源的不合理利用或过度开发也是环境恶化的关键因素。例如，过度放牧、盲目垦荒和滥砍滥伐等行为会导致土地荒漠化，使土壤质量严重下降，影响农业生产和生态环境。同时，这些行为还会破坏生物多样性，导致珍稀物种灭绝，生态平衡受到严重影响。

进一步，我们需要认识到，环境问题不仅关系当前的人类生存和发展，而且对未来世代的福祉产生深远影响。如果不采取有效措施改善环境质量，未来的人类和动植物将面临更加严峻的生存挑战。

在我国，政府高度重视环境保护工作，制定了一系列政策和法规来减少污染物排放、保护生态环境。然而，环境保护仍需全社会共同努力。每个公民都应该养成良好的环保意识，从自身做起，减少浪费，合理利用资源，保护自然环境。

总之，环境保护是一项长期、艰巨的任务，需要我们共同努力。只有人类与自然和谐共处，才能实现可持续发展，确保地球上的生物多样性和生态平衡。

二、人为改变生物种类和数量

在复杂的生态系统中，各种生物之间存在着微妙而又紧密的联系，这种联系构成了生态平衡。然而，当我们人为地盲目增加或减少某个物种时，就可能对生态平衡产生严重的影响。以下几个实例便揭示了这一现象。

韦兰运河打通了内陆水系与海洋水系，使得原本生活在海洋水系中的八目鳗进入内陆水系。对于内陆水系的生物来说，八目鳗是一种陌生的入侵者。这种盲目增加的物种对当地生物产生了严重的影响，尤其是鳟鱼。八目鳗进入内陆水系后，对鳟鱼进行了攻击，导致鳟鱼年产量急剧下降。这一例子表明，盲目增加一个物种可能会破坏生态平衡，导致其他物种遭受严重打击。

我们也可以从减少一个物种的角度来看待这个问题。20 世纪 50 年代，美国曾大规模捕杀麻雀。麻雀是某些害虫的天敌，它们的大量减少使得害虫失去了自然的抑制，从而大量繁殖，引发严重的虫害。这个例子说明，即使在看似合理地减少某个物种的情况下，也可能会对生态平衡产生严重后果。

美国政府为了保护亚利桑那州卡巴森林的鹿群，曾下令捕杀其天敌，大量的美洲狮和狼被捕杀。这一举措导致鹿群大量繁殖，森林植被因被过量食用而面积减少，进而环境恶化，又造成鹿群饥饿死亡、疾病流行，濒临灭绝。这个例子进一步证实，在生态系统中，减少一个物种可能会导致生态平衡被破坏，甚至引发灾难性的后果。

总之，在我们对待生态系统时，必须谨慎行事，认识到各种生物之间的相互依赖关系。任何对生物种群的盲目增加或减少，都可能对生态平衡产生严重破坏。因此，我们应该在保护生态环境的同时，尊重自然规律，避免过度人为干预，以确保生态系统的稳定和可持续发展。

三、人为破坏生物信息系统

在自然界中，生物与生物之间的联系错综复杂，它们依赖于某种信息交流来维持群体的稳定性和正常的繁衍。同种生物之间通过释放特定的化学物质来传递信息。这些化学物质可以是气味、颜色或其他形式的信号。例如，许多昆虫通过分泌释放性外激素来引诱同种雄性成虫进行交尾。这种性外激素如同一种看不见的语言，在生物之间建立起一座沟通的桥梁。生物之间的信息联系如同一条纤细的纽带，紧密地将它们连接在一起。然而，这条纽带并非不可断裂。当人类活动不断向环境中释放各种物质时，就有可能干扰或破坏生物之间的信息联系，引发一系列的生态问题。

例如，当人类向环境中排放各种化学物质时，这些化学物质就有可能与昆虫分泌释放的性外激素发生化学反应。这种反应会导致雌虫性外激素失去原有的生理活性，从而失去对雄虫的引诱力。这样一来，昆虫的繁衍过程就可能受到影响，导致种群数量下降，甚至灭绝。这无疑给生物种群的稳定性和生态平衡带来了严重的威胁。

过度开发、破坏栖息地、非法捕猎和采伐等行为不仅可能导致生物种群数量的减少，还可能使生物之间的信息联系受到干扰，进一步加剧生态失衡。

在我国，政府高度重视生态环境保护，采取了一系列措施来减轻人类活动对生物信息联系的干扰和破坏。例如，实施严格的环保法规，限制污染物排放；加大对生态系统保护力度，恢复受损的环境；加强对生物多样性的监测和研究，以确保生物种群的稳定和发展。

总之，生物与生物之间的信息联系是维持生态平衡和生物多样性的重要因素。人类应尊重和保护这种联系，避免干扰和破坏。只有这样，我们才能实现人与自然的和谐共生，确保地球生态系统的稳定和发展。

第三节　当前人类面临的主要生态危机

生态危机无疑是当前人类面临的最大危机，因为它直接威胁人类和其他生物及非生物的存活。生态危机的形式有很多，主要的生态危机包括气候变暖、环境污染、生物物种变少、森林锐减、酸雨蔓延等。

一、气候变暖

随着人口的不断增加，科技、工业和经济的快速发展，人类生产生活活动的规模越来越大，这些活动向大气中排放的二氧化碳等温室气体不断增加，导致大气的组成发生变化，最终导致气候逐渐变暖。

二氧化碳等温室气体大量增加的主要原因如下：（1）人们为了获取能量，大量燃烧化石燃料（煤、石油、天然气等），从而产生大量温室气体；（2）滥伐森林，使森林吸收二氧化碳的能力减弱。

自工业化以来，在经济和人口增长的驱动下，人为温室气体排放量不断上升，从而导致大气中的二氧化碳、甲烷、氧化亚氮等温室气体浓度达到了过去 80 万年以来的最高水平。20 世纪，全世界平均温度攀升了约 0.6 摄氏度。此外，北半球春天的冰雪解冻期比 150 年前提前了 9 天，而秋天的霜冻开始时间却晚了约 10 天。根据《中国气候变化蓝皮书 2024》的数据，2023 年全球平均温度为 1850 年有气象观测记录以来的最高值，2014—2023 年全球平均温度较工业化前水平（1850—1900 年平均值）高出约 1.2 摄氏度。

气候变暖主要体现在全球气温升高、海洋变暖、冰雪大范围融化、海平面持续上升等诸多方面，它不仅危害自然生态系统的平衡，还影响人类健康，甚至威胁人类生存。因此，应对全球变暖刻不容缓。我们应该从身边的小事做起，如绿色出行、节约用水、减少用电、参与植树、垃圾分类等，为应对全球变暖贡献自己的力量。

二、环境污染

环境污染是指人类直接或间接地向环境排放超过其自净能力的物质或能量，从而使环境的质量降低，进而对人类的生存与发展、生态系统和资源造成不利影响的现象。环境污染包括水污染、大气污染、土壤污染、固体废弃物污染等。

（一）水污染

水污染是指水体因某种物质的介入，导致其化学、物理、生物等方面的特性发生改变，造成水质恶化，从而影响水的有效利用，进而危害人体健康或破坏生态环境的现象。

生活水源污染

水污染主要是由人类活动产生的污染物造成的，其污染源包括工业污染源、农业污染源和生活污染源三大部分。其中，工业废水是最主要的工业污染源，具有量大、面积广、成分复杂、毒性大、不易净化、难处理等特点；农业污染源包括牲畜粪便、农药、化肥等；生活污染源主要是城市生活中使用的各种洗涤剂、污水（生活污水中含氮、磷、硫多，致病细菌多）、垃圾、粪便等。

（二）大气污染

大气污染是指空气中污染物的浓度达到有害程度，以致破坏生态系统和人类正常生存和发展的条件，对人和生物造成危害的现象。大气污染主要来自工厂排放的废气、汽车尾气、农垦烧荒、森林失火、炊烟（包括路边烧烤）释放的烟雾、尘土（包括建筑工地扬尘）等，其污染物主要是颗粒物、二氧化硫、氮氧化物、挥发性有机物、氨等。

大气污染对人体的危害大致可分为急性中毒、慢性中毒、致癌三种，其对工业和农业生产的危害是造成大量人力、物力和财力的损失，从而影响经济发展。此外，大气污染物还会影响天气和气候。

（三）土壤污染

土壤污染是指人为活动产生的污染物进入土壤并积累到一定程度，引起土壤质量恶化，并造成危害的现象。当土壤中有害物质过多，超过土壤的自净能力时，就会引起土壤的组成、结构和功能发生变化，从而使微生物活动受到抑制。有害物质或其分解产物在土壤中逐渐积累，将会导致农作物减产和农产品品质降低、农作物中某些指标超过国家标准、地下水和地表水污染、大气环境质量降低等，并最终危害人体健康。

土壤污染主要由以下几个因素引起：（1）污水灌溉，从而导致污水和废水中携带的大量污染物进入土壤；（2）固体废弃物处理不当，从而导致固体废弃物中的污染物直接进入土壤或其渗出液进入土壤；（3）农药、化肥的不合理、超量使用，从而造成土壤质量下降；（4）废气中含有的污染物质，特别是颗粒物，在重力的作用下沉降到地面并进入土壤；（5）不合理的矿冶活动，从而给周围环境和土壤带来不同程度的影响。

（四）固体废弃物污染

固体废弃物是指在生产建设、日常生活和其他活动中产生的污染环境的固态、半固态废弃物质。《中华人民共和国固体废物污染环境防治法》把固体废物分为工业固体废物、生活垃圾、建筑垃圾、农业固体废物和危险废物。固体废弃物如不妥善收集、利用和处理，将会污染大气、水体和土壤，进而直接或间接地危害人体健康。

生活垃圾污染

三、生物物种变少

生物多样性是指地球上各种各样的生命及其多种自然形式，包括众多的植物、动物和微生物，也包括每一物种的不同基因型，如各种各样的作物和不同品种的牲畜，还包括各种各样的生态系统，如沙漠、森林、湿地、山区、湖泊、河流等。

地球上的众多生物是自然界长达数十亿年演化的结果。在长期演化过程中，始终存在着物种灭绝的现象。虽然物种灭绝是一种自然现象，但人类活动却极大地加速了物种灭绝的速度。据统计，世界上每年至少有 5 万种物种灭绝，平均每天灭绝的物种达 140 个。如今，全球物种灭绝的速度是自然灭绝速度的 100 ～ 1 000 倍。科学家们认为，就目前物种灭绝的速度看，地球或已面临第六次生物大灭绝。

四、森林锐减

森林锐减是指人类对森林的过度采伐或自然灾害所造成的森林大量减少的现象。众所周知，森林不仅可以调节气候、防风固沙、涵养水源、保持水土、净化空气，还可以为人类提供资源，为动物提供栖息场所。而森林的减少使其涵养水源的功能受到破坏，从而造成物种减少和水土流失。同时，随着森林对二氧化碳的吸收减少，温室效应又会进一步加剧。

假如森林从地球上消失，则陆地上 90% 的生物将消失，450 万个生物物种将灭绝；全世界 70% 的淡水会白白流入大海，90% 的动植物将面临干渴的威胁；生活用炭将减少 70%；生物放氧将减少 67%，大气中的二氧化碳也将大量增加，地球将会升温；许多地区风速将增加 60% ～ 80%，亿万人的家园将毁于风灾；沙漠将会扩大，水土流失严重；人类得不到木柴、建材、林副产品，经济生活将遇到巨大困难；空气污染、噪声污染、太阳辐射增加，人类将无法生活。

五、酸雨蔓延

酸雨是指 pH 值低于 5.6 的雨雪或其他形式的降水。雨、雪等在形成和降落过程中，通过吸收并溶解空气中的二氧化硫、氮氧化合物等物质，便形成了 pH 值低于 5.6 的酸性降水。

酸雨可分为湿沉降与干沉降两大类。其中，湿沉降是指所有气状污染物或粒状污染物，随着雨、雪、雾或雹等降水形态而落到地面；干沉降是指固粒或气体的直接沉降，如灰尘中带有一些酸性物质等。

酸雨主要源于自然因素和人工活动。其中，自然因素包括火山喷发、海水蒸发、动植物腐烂散发出含酸性物质的气体等；人工活动主要指人类通过各种行为向大气中排放硫氧化物和氮氧化物，如煤、石油、天然气等石化燃料的燃烧，工业生产中的废气排放，汽车尾气的排放等。其中，人工活动是导致酸雨的主要因素。

酸雨的危害是多方面的，包括对水生生态系统、陆地生态系统、人体健康和各种设施的危害等。

（一）对水生生态系统的危害

江河、湖泊等水域环境被酸雨污染，受影响最大的是水生动物，特别是鱼类。鱼类本身对酸度的变化特别敏感。若水体 pH 值突然改变，鱼类不能很快适应，则会大量死亡。即使水体的 pH 值没有立刻改变，但长期的酸雨也会使水体的 pH 值逐渐下降，鱼类经受不住持续的酸性压力，导致功能失常、组织病变、繁殖能力下降，从而逐渐减少，直至消失。此外，由于酸雨浸渍了土壤，侵蚀了矿物，使铝元素和重金属元素沿着基岩裂缝流入附近水体，进一步使水域酸化恶化，从而导致水生植物死亡，进而破坏水域各类生物间的营养结构，造成严重的生态系统紊乱。

（二）对陆地生态系统的危害

酸雨对陆地生态系统的危害主要表现在土壤和植物上。第一，酸雨增加了硫和氮，使树木生长受抑制。第二，长年酸雨使土壤中和能力下降，以及钾、钙、镁、铝等元素淋溶（是指一种由于雨水天然下渗或人工灌溉，上方土层中的某些矿物盐类或有机物质溶解并转移到下方土层中的作用），造成土壤贫瘠。第三，土壤中的铝和重金属被活化，抑制树木生长。第四，酸性条件有利于病虫害的扩散，从而危害树木。若树木遇到持续干旱等诱发因素，土壤酸化程度加剧，还会引起根系严重枯萎，致使树木死亡。

（三）对人体健康的危害

酸雨对人体健康的危害主要如下：（1）酸雨渗入地下可以使地下水中的金属含量增加，饮用这种水或食用酸性河水中的鱼类会危害人体健康。（2）二氧化硫和氮氧化合物在大气中经过化学反应，会产生硫酸盐和硝酸盐的细小颗粒物，这些颗粒物可通过呼吸系统进入人体，诱发肺水肿或导致死亡。（3）长期生活在含酸沉降物的环境中，诱使人体产生过多氧化脂，使动脉硬化、心肌梗死等疾病发生的概率增加。

（四）对各种设施的危害

首先，酸雨会加速许多用于建筑结构、桥梁、水坝、工业装备、供水管网、动力和通信电缆等材料的腐蚀。

其次，酸雨会严重损害古迹。据了解，我国故宫的汉白玉雕刻、希腊雅典的帕特农神庙等古迹已遭受酸性沉积物的侵蚀。

第三章　培育大学生生态文明意识

学习目标

知识目标

1. 了解生态文明意识教育的内容。
2. 了解生态文明意识教育的原则。
3. 了解大学生生态文明意识养成教育的现状。

技能目标

1. 掌握大学生生态文明意识培育的策略。
2. 在生活中养成好习惯，自觉践行文明生态行为。

素质目标

1. 提升对生态文明意识的整体认知。
2. 加深对生态文明意识的学习和研究，以此来指导自己的实践。

在当今时代，生态文明建设已成为我国社会发展的重要任务。为此，在高等教育阶段，培育大学生良好的生态文明意识，不仅可以让大学生充分认识到生态文明的重要性，从而为生态文明建设作出贡献，同时还可以充分发挥校园文化的引领作用，为在全社会构建完善的生态文明体系而做出努力。

第一节　大学生生态文明意识教育概说

一、大学生生态文明意识教育

（一）生态文明意识教育的内容

1. 生态价值观教育

生态价值观是建立在人类和自然的利益关系基础上的价值取向。生态价值是“自然价值”，是一种自然系统功能，也是自然生态系统对于人所具有的“环境价值”。生态价值观教育强调的是人和社会都是自然系统的有机组成，人和自然更是不可分割的有机整体。人类是自然链中的一环，必须在维持生态平衡和生态圈良性循环的基础之上利用自然，否则自然链中的任何一环损坏，整个生态系统将全盘崩溃，而人与自然的共同发展、和谐共生，关键要靠人来认知和实现。大学生生态价值观教育的重点通常是培养大学生逐渐树立适应新时期生态文明建设要求的人生观、世界观、价值观，鼓励其构建符合新时期生态文明建设需求的知识素养、精神素养、创新能力、交际能力等，以科学的生态价值观奠定大学生的思想基础、指导大学生的言论和行动，塑造大学生的性格和气质，促进大学生的身心健康。生态价值观教育是大学生生态文明教育的基础和前提，应该被作为重点内容对待。

2. 生态道德观教育

生态道德观是指在一定的社会背景下，由于受到生态主义价值观的影响所产生的对一系列限制人类对待除自身以外的其他生物行为的思想规范的认识。生态道德实践、生态道德意识及生态道德规范都属于生态道德观教育。培养大学生的生态道德意识是生态文明意识教育的一项基础性工程，是生态文明建设的精神依托和道德基础。没有生态道德意识的支撑，生态文明将成为一纸空谈。生态道德意识要求人类应当在发展生产力的同时，注重人类与自然界的和谐共处，保持自然与人的统一、平衡。生态道德意识教育的目的是使大学生能够学会用发展的眼光去看待人类文明的进程，辩证地看待人与自然的对立统一，正确认识人类在生态体系中的真实定位，客观公正地对待大自然中的万事万物，树立起和谐的生态道德意识。

生态道德规范是从道德的角度去规范人类关于生态活动的行为准则，意味着人们应以尊重的态度对待自然而非过去的设法征服，同时要求人们遵从自然规律、珍视生态环境，敬畏自然、爱护自然、自制自律，以更加文明和理智的态度对待生态环境。生态道德规范为大学生的生态文明意识教育指明了方向、框定了范围。

大学生所具有的生态道德素质是他们自身生态文明意识的集中体现，是在生态道德意识和生态道德规范作用下的生态道德实践，是思想与行为之间相互对接、相互转化的过程，是知行统一的过程。大学生生态道德素质的生成是一个系统工程，只有不断增强当代大学生的生态道德意识，才可以使他们的生态环境行为在一定程度上具有自律性，自觉履行其责任和义务。生态道德素质应该包括生态道德知识、生态道德情感、生态道德习惯及生态道德能力，是衡量大学生综合素质的重要标志。

大学生生态道德观教育

3. 生态发展观教育

生态发展观要求人类在谋求自身发展的同时，保持生态的协调发展和人类与自然环境的和谐。我国幅员辽阔、人口众多，过去传统的发展模式更多关注的是物质财富的积累和经济的发展，很容易导致资源的过度开发和生态环境的污染破坏，这种以人的需求为本的发展观，打破了人与自然间的平衡，强调的是对自然的征服和控制。生态发展观追求的是生态环境的和谐与可持续发展，强调经济增长与资源环境的相协调，摒弃以剥夺和破坏自然的方式实现经济增长，通过可再生资源的投入和科学技术的进步，在生产、流通、消费的各个领域实现清洁发展、节能发展、安全发展、环保发展，以最少的能耗获得最大的效益，最终达到建设资源节约型、环境友好型社会的奋斗目标。对大学生进行生态发展观教育，有利于其正确对待、处理人与自然的关系，完成人与自然的协同发展、平衡发展和可持续发展。

4. 生态消费观教育

消费是人的基本需要，人类无时无刻不在进行着物质资料的消费。随着改革开放的不断深入与经济的迅猛发展，国民生活水平得到了前所未有的提高，而各种不健康的消费观念也逐渐侵入人们的意识形态，甚至有些人将奢侈浪费等同于尊严地位，大学生身处此种氛围中也很容易被感染，其畸形的消费方式对社会和环境都会造成恶劣影响。对大学生进行生态消费观教育，就是要杜绝“过度消费”“超前消费”“一次性消费”等不良消费观，使大学生明白对物质的追求并不是人生的全部意义，要防止对资源的过度开采和浪费，以理性的态度对待消费，纠正攀比心理，讲求“绿色消费”，保持勤俭节约、艰苦奋斗的优良作风，提倡环境友好的消费方式，营造对社会健康发展有益的、生态的消费氛围，构建和谐的生态家园。

（二）生态文明意识教育的原则

1. 实践性原则

对大学生的生态文明意识的教育不能只是停留在书本和课堂上，大学生生态文明素质的提高终须通过实践活动体验获得。

（1）教育者的实践。

教育者在生态文明意识教育中占据重要的地位，是教育的实施者，大学生生态文明意识教育是一项任重道远的事业，它对教育者的实践行动提出了很高的要求。教育者自身素养对教育的效果有着非常大的影响，设想一个教师自身的生态文明意识薄弱，对生态文明所知甚少，是根本无法对学生进行生态文明意识教育的。

在生态文明意识教育工作中，最具有现实意义的就是实践。教学活动是教师的重要实践内容，体现了其自觉能动性。教师有责任提高自身的生态文明素养，检视自身的生态文明行为，以一种进取的姿态开展教学，在实践中开展教育，以实践来检验自己的教学成果，做到“言传身教”，引导和帮助学生成长。

（2）教育对象的实践。

大学生是生态文明意识教育的教育对象，是教育活动中的重要角色。目前，生态文明意识教育的目的是促使大学生拥有与时俱进的生态文明理念，并且能够积极践行生态文明理念。

大学生在生态文明意识教育中的实践包括认识活动和物质活动两个环节，而成功的实践活动必须是将两者统一起来的。

大学生具有观点多样性、思想变化快、叛逆性强等特点，他们参与生态文明教育实践的积极性不高的根本原因在于生态基本知识的欠缺。高校应以思想政治教育课堂作为生态文明意识教育的重心，运用互联网等各类新媒体，将生态文明的相关理论知识传授给当代大学生，用来指导大学生的实践，倡导生态文明行为。

2. 多样性原则

当前，高校生态文明意识教育工作面临知识更新速度快、信息来源广泛、学生个体意识强等现实状况，这就要求生态文明意识的相关教育应当具有多元化与个性化等特点。

目前，大学生生态文明意识教育主要是依托于高校思想政治教育课堂进行的，然而课堂的覆盖面毕竟有限，不能深入学生生活的方方面面，无法时刻对学生进行生态文明意识的灌输，教育者应利用网络、媒体、通信工具等对学生进行多渠道的教育。

此外，课堂的讲授方式也略显枯燥，教育者应集思广益，开展多种形式的生态文明教学，走出课堂，走向校园，甚至走出校园，开展效果更好、影响力更大的生态文明意识教育活动。

当代大学生个性鲜明、观点多样，高校生态文明意识教育的内容若只是围绕课本，是不能够满足和适应大学生的需求的。为了使大学生吸收的教育内容营养丰富，教育者应拓展课堂内容和书本知识，以指定教材为核心，但不囿于指定教材，使教育内容多样化。

3. 持续性原则

生态文明意识教育在时间上具有持续性。大学生生态文明意识教育应该利用学生的全部在校时间，从课堂到食堂，从操场到宿舍，以生态文明标语、生态文明事迹宣传等形式覆盖大学生在校生活的方方面面，形成全天候的持续教育。

生态文明意识教育对大学生来说不是一阵子的事，而是一辈子的事。高校应该将理想信念与生态文明意识教育结合起来，使大学生具有高尚的生态文明情操，在自我实现的过程中将生态文明意识贯彻终生。

生态文明意识教育并不是一时之热，而是大学生成长成才不可或缺的教育环节，是关乎国家命运与人类社会未来发展的重要环节，只有将生态文明意识教育长期坚持下去，才能不断地为祖国培养出具有生态文明素养的合格人才。教学是大学生生态文明意识教育的基础，但仅仅依靠长期的教学是不够的，要想取得更好的教育效果，还需要经常举办一系列与生态文明相关的活动，比如演出与生态文明内容相关的话剧、举办生态文明知识竞赛、进行生态文明知识宣讲、组织“熄灯一小时”等活动。长期举办生态文明教育活动能增加教育的趣味性和影响力，使教育效果不反弹。

（三）大学生生态文明意识教育的必要性

1. 时代发展和社会建设对高校的现实要求

高校是社会的重要组成部分，其社会功能是为国家和社会培养人才。由于我国长期以来偏重于经济发展和科技进步，高校教育的重点也落在了专业教育上。学生通过对专业课的学习，积累了较丰富的专业知识，也具备了较完善的专业技能。高校思想政治教育理论课的教学也通常将重点放在引导学生的政治观念、丰富学生的法律常识和树立学生的人生观、世界观、价值观上，对学生思想品德的培养，更多关注的是人与人、人与社会的关系，使学生具备调整人与人之间关系的基本技能。正是由于关注点较少放在自然生态领域，导致高校忽视了大学生的生态文明意识教育，使得大学生的专业素质和思想政治素质与社会需求相符，但是其生态文明观念却与生态文明建设的要求有着较大的差距。

高校应当充分利用其资源，对大学生开展生态文明意识教育，把对大学生思想品德的培养由人际领域扩展到生态领域，从对人与人、人与社会关系的关注，扩大到对人与自然关系的关注，丰富高校思想政治教育的内容。高校对大学生实施生态文明意识教育，可以帮助大学生正确树立生态文明意识，有利于其对生态环保技术产生兴趣，不仅在生活中从自我的习惯进行改进，而且能在学习上结合本专业知识开发研究与生态相关的新科技，为我国现阶段生态文明建设提供智力支持。

2. 大学生素质提升和全面发展的重要途径

大学生是社会建设的储备人才，是民族振兴的希望。大学生的全面发展不仅关系其个人生涯，关系其家庭命运，还关系祖国的发展和民族的进步。

只有当人具备了正确的生态文明意识，才能够运用这一思想去指导自己的生态文明行为，才能构建人与自然的和谐关系，才能营造出生态文明的社会环境，也才能很好地完成生态文明建设。生态文明意识教育的本质是要求大学生尊重自然、善待自然，认识到对自然的索取不能无度无序，做到节约节制，保持自然的动态和静态平衡。大学生生态文明意识教育既是对大学生责任感的提升，又是对大学生自身素质的提升，对于大学生来说是塑造，更是修炼。

生态文明能为人的全面发展提供更和谐的自然环境和更优良的物质条件，而人的全面发展能为生态文明的实现贡献精神动力和智力支持。大学生素质全面提升的过程也是生态文明建设逐渐实现的过程，培养大学生的生态文明意识是时代发展的客观要求，是我国生态文明建设的要求，同时也是大学生发展的要求。

（四）大学生生态文明意识教育价值的体现

1. 体现着高校的理想与追求

为国家和社会培养品德优良、知识完备的人才，是高校一以贯之的使命。在我国经济迅速发展、加强生态文明建设的新时期，高校必须紧跟时代要求，秉承为国家和社会培养合格人才的宗旨，对大学生进行生态文明教育，使大学生不仅掌握专业技术知识，而且具备生态文明素质。这样做，不仅可以协调人与社会、人与人之间的关系，同时也可以促使人类与自然界和谐共处。高校通过生态文明意识教育，促使当代大学生既肩负起对同时代除自身以外的其他人与社会的责任，同时也要考虑到后代以及其他生命形式乃至整个自然界未来的发展，树立运用科学技术与自然界和谐共处并服务于自然界的理念，从而形成一种自觉的生态行为。这是高校对于生态文明建设的责任和贡献，也是高校自身的理想与追求。大学生既是高校的培养对象，也是高校的培养“成果”，大学生素质的高低进一步反映了高校教育的成败。对大学生开展生态文明意识教育，促使大学生形成珍惜自然资源、杜绝浪费的良好观念，以及爱护大自然的生态文明意识，发挥高校的教育优势和影响力，是高校自身价值的体现。

2. 体现着社会的期望与要求

高校的社会功能是培养大学生，其办学性质决定着教育宗旨。在我国，要想做好生态文明建设工作，就需要各大高校通过思想政治教育对大学生进行生态文明意识的培养工作，做到紧跟时代发展步伐，以进步的、全新的视角审视其原本的教育方法和教育内容，顺应时代发展需求，不断丰富思想政治教育课程的内容。高校是各种文化理念宣传的主阵地，当代大学生又是先进思想与先进理念的践行者与传播者。社会希望借助高校对大学生进行生态文明意识教育，培养出大批可以推进社会发展并具有优秀素质和健全人格的文明新人，培育其正确的生态价值观，使其能够从社会整体发展以及人的全面发展的角度对自身提出要求，规范约束自己的行为，从而具有良好的生态价值行为，为社会的生态文明建设和可持续发展贡献力量，满足社会的要求。

3. 体现着大学生完善自身的内在诉求

大学生的成长成才一直受到国家和社会的高度关注，而人与人、人与社会、人与自然、人与自我这几方面关系的和谐对于大学生的成长成才具有重要的意义和关键性的影响。一个对自然和生命缺乏敬畏之心、爱护之心的人，不可能对生活的意义和生命的意义有正确的理解，不可能拥有正确的世界观、价值观、人生观，这种状况很容易造成其心理的失衡和心智发展的不健康。生态文明意识教育通过引导大学生以正确的方式去看待和处理现实生活中的环境问题及生态平衡问题，达到人与自然的和谐发展，使大学生得以实现全面的社会关系建构，提升其对社会的适应性，促成其全面发展。

二、大学生生态文明意识培育的现实要求

（一）要满足解决当前环境问题的需要

1. 我国当前的环境问题仍然严峻

我国生态环境问题包括大气污染问题、水环境污染问题、生物多样性破坏问题、水土流失问题、垃圾处理问题、旱灾和水灾问题、土地荒漠化和沙灾问题、持久性有机物污染问题等。我国人口众多，幅员辽阔，各类物产资源较为丰富。近些年，为了大力发展经济，充分利用大自然的馈赠，有时力度过大，造成了对自然环境的破坏，从而使生态系统受到了威胁。例如，工业废气的大量排放影响空气质量，久而久之，对气候产生一定的不良影响。全球气温正在攀升，使得人类生活的环境日益恶化，这些都是我们不得不面对并且亟待解决的问题。

2. 解决环境问题的重要性

一个好的生态环境对于人类的生存与发展至关重要。如果一味地为了追求生产发展而

牺牲人类赖以生存的自然环境，使生态环境遭受严重破坏，那么人类最终所要面临的问题就不只是简单的生活质量高低的问题，而是严重的生存环境问题，它关乎着全人类的未来发展，因此必须予以重视。可以说，人类发展经济的基础是做到人类与自然的和谐共处，包括人类与动物、人类与植物之间的关系都应该得到很好的处理，只有这样，人类社会才能实现精神层面的追求。因此，我国将保护环境作为一项基本国策确立下来，提倡建设环境友好型、资源节约型的社会。

3. 大学生承担的环保责任

大学生作为当今社会建设的主力军，在生态环境建设中也充当着重要角色，他们不仅是社会上优质的人力资源，同时也是国家未来发展的中流砥柱，对他们的培养尤为重要。大学生的行为习惯与思维方式对社会未来发展有着重要的意义与深远的影响。大学生究竟应当如何发挥自身在社会建设中的积极推动作用？需要从以下三个方面着手：其一，将自身的奋斗目标与社会发展的目标保持一致，始终将环境保护作为自己所要肩负的重要使命，要在日常生活中做到以身作则，选择有助于生态环保的生活方式。其二，做好生态文明观念的传播者与践行者，用自己的一言一行影响他人。其三，积极参与到生态文明建设中去，通过相关理论知识与社会实践，尽可能地发挥自身优势，为生态环境保护做出应有的贡献。尤其是在地球环境日益恶化的今天，大学生的参与更加具有划时代的意义。大学生运用自身所学知识，研究自然环境发展规律，掌握其内在各因素之间的关系，通过各种创新思维与创新的生产方式，逐渐改善人类的生存环境，使人类的生存环境具有可持续发展的可能性。

（二）要满足生态文明建设对大学生生态意识的要求

2012 年 11 月，党的十八大从新的历史起点出发，做出“大力推进生态文明建设”的战略决策，报告中指出：建设生态文明，是关系人民福祉、关乎民族未来的长远大计。要正确处理人类与自然之间的关系，建设环境友好型与资源节约型社会是我国社会未来的发展方向与目标，绿色、循环、低碳与可持续发展已成为影响人类生存与发展的关键词。

党的十八届三中全会指出：建设生态文明，必须建立系统完整的生态文明制度体系，……用制度保护生态环境。2015 年 5 月 5 日，《中共中央国务院关于加快推进生态文明建设的意见》发布。2015年 10 月，增强生态文明建设首度被写入国家五年规划。党的十九大报告指出：人与自然是生命共同体，人类必须尊重自然、顺应自然、保护自然，我们要建设的现代化是人与自然和谐共生的现代化。2018 年 3 月 11 日，第十三届全国人民代表大会第一次会议通过的《中华人民共和国宪法修正案》，将《中华人民共和国宪法》第八十九条“国务院行使下列职权”中“（六）领导和管理经济工作和城乡建设”修改为“（六）领导和管理经济工作和城乡建设、生态文明建设”。由此可见，党和政府极为重视我国的生态环境保护问题，并根据我国社会发展的具体情况随时调整生态文明建设的方针政策，从思想上正确引领社会发展。

中国建设社会主义事业离不开大学生群体，而生态文明建设又是社会主义事业的一个重要组成部分，因此，大学生在生态文明建设中充当着重要角色，他们有责任将该项工作做好。首先，高校要从理论学习入手，全方位地提高大学生的素质，让他们具有严谨的思维能力与丰富的理论知识。其次，高校应当通过丰富多彩的校园活动以及课堂教学活动，不断培养大学生的环保意识，从而使得他们的整体素质与综合能力得到提高。最后，社会各界也应当为大学生提供丰富的资源，让他们能够在社会发展中不断地丰富自我，在生态文明建设中贡献自己的力量。

（三）要实现高校思想政治教育中大学生生态意识培养目标的诉求

高校要充分发挥大学生思想政治教育的主渠道、主阵地、主战场的积极作用，结合目前社会发展的需求，全面提升大学生的环保意识。这一方面体现出高校思想政治教育工作的时代特性，另一方面也反映出高校在生态环保人才培养方面的重要意义与作用。

1. 思想政治教育学科与大学生生态意识培养的教育实效要求

思想政治教育与其他学科有所区别，具有独一无二的学科特色，主要表现在价值性、阶级性、综合性、实践性四个方面。

价值性主要是指通过社会价值与个人价值将人的价值性体现出来，这种价值主要包括两个方面，即需求与利益。对于社会而言，主要体现在社会公共利益的实现与社会需求的满足方面；对于个人来说，就是个人价值与需求的满足与体现。高校的思想政治教育强调个人价值与社会价值的双重价值体现，这就要求社会价值与个人价值应当保持一致，相互之间统一与融合。将生态意识教育融入现代的思想政治教育中，一方面源于现代化生态文明建设的需要，另一方面源于人与自然和谐共生的根本要求。

阶级性需要通过我国的社会性质得以体现。我国是社会主义国家，广大的无产阶级是国家真正的主人，党和国家的一切政治决定都是以“为人民服务”为根本宗旨的，思想政治教育应当能够代表广大人民群众的根本利益，并与党和国家的方针、政策等相一致。我们说，高校思想政治教育既是马克思主义基本理论与中国特色社会主义理论的主要宣传阵地，同时也是生态意识培养的主战场，它也从另一个侧面反映出我国目前的生态文明建设的国家政策。

综合性主要体现在思想政治教育与其他学科教育的相互融合方面。思想政治教育并非一门相对独立的学科，它需要与其他因素相互作用，从而产生一定的影响与效果。高素质人才不仅要在思想政治层面具备一定的高度，同时还要具备符合社会发展需求的环保意识，这样才能够称为符合现代化社会以及未来社会发展需求的综合性高素质人才。

实践性主要是指大学生在接受思想政治教育，形成正确的价值观与人生观的基础上，让这些思想与观念去指导各类社会实践行为，通过理性的思维方式去看待、理解与解决各种社会生活与工作方面的问题等，从而不断提高自身的社会实践能力与思考能力。由于高校思想政治教育是环保意识宣传的主战场、主渠道、主阵地，社会各界对其工作寄予厚望，希望高校能够真正培养出具有较高环保意识并且综合素质较强的人才，因此，高校的思想政治教育中是否融入了生态意识显得尤为重要。

2. 高校思想政治教育是大学生生态意识培养的主要阵地

高校在思想政治教育过程中，要进一步强化大学生的行为认同、理论认同、情感认同与责任认同。为了凸显思想政治教育与时俱进的特性，高校应当进一步注重学生生态意识的培养，并通过丰富的社会实践、理论学习及环境熏陶等途径为我国培养出一大批具有扎实理论基础与生态环保意识的社会主义事业的建设者与接班人。

在培养内容方面，《中华人民共和国教育法》规定："国家在受教育者中进行爱国主义、集体主义、社会主义的教育，进行理想、道德、纪律、法制、国防和民族团结的教育。"上述内容均为思想政治教育的主要内容。但是，随着社会不断发展与进步，人类的需求也在发生着改变。生态意识的培养是继社会主义、爱国主义与集体主义之后加入的思想政治教育的新内容。生态意识的培养是时代发展需求下的产物，具有一定的时代特征。生态文明建设已经成为我国社会主义事业的重要内容，这就要求高校做到与时俱进，将生态文明意识的教学内容融入日常的教学实践活动中去，让大学生在理论学习中了解到人类赖以生存的自然环境目前的具体状态，以及严重威胁人类生存的亟待解决的问题，帮助大学生深刻认识到生态意识培养的重要性。高校教师应当鼓励大学生从事与环保相关的职业，最大限度地发挥出自己的主人翁精神，不断提升个人的爱国主义情怀，将个人命运与国家命运、人类命运联系起来，积极踊跃地投身到各种与环境保护相关的具体工作中去。

第二节　大学生生态文明意识培育策略

一、大学生生态文明意识养成教育近况分析

为了掌握大学生生态文明意识养成教育的具体情况，本节采用问卷调查的方法，获取高校大学生生态文明意识养成教育的相关信息，并对其进行量化分析。

（一）调查设计及调查样本情况

1. 调查设计

问卷总共设计了 20 个基本问题，其中有 3 个问题是关于样本的。问卷设计的问题主要包括大学生理论知识的掌握情况、在校学习期间参与具体的生态文明活动的实际情况、离校期间的日常生态文明行为以及大学生在校接受生态文明意识养成教育的实际情况与具体建议。问卷总共发放 400 份，其中成功收回 383 份，有效率达到 95.75%。这次调查为网上问卷调查，与线下调查方式相比，效率更高，数据信息的收集更加便捷与安全。此外，本次问卷的调查对象集中在贵州省内的部分高校，具体包括博士研究生、硕士研究生、全日制的本科生与专科生。其中专科与本科学生是本次调查问卷的主要群体。问卷调查采用匿名方式，对被调查者的个人信息予以保密。

2. 样本的基本情况

本次调查样本的基本情况见表 3–1。本次调查样本总人数为 383 人，变量分别是学历层次、政治面貌与学生干部情况。在学历层次变量一栏中可以看出，全日制的专科生与本科生占此次调查人数的 83.03%，是本次调查的主要群体；硕士研究生有 64 人，占据此次调查人数的 16.71%；博士研究生仅有 1 人，占比为 0.26%。从政治面貌一栏中可以了解到，样本中包含预备党员在内的党员人数共有 146 人，占本次调查人数的 38.12%；共青团员有 167 人，占本次调查人数的 43.6%；群众有 70 人，占本次调查人数的 18.28%。此外，在学生干部情况一栏中可以看出，有 159 人在大学担任某一职务，占本次调查人数的 41.51%；非学生干部人数有 224 人，占比为 58.49%。从整体来看，本次调查人数的比例较为合理，并且具有一定的典型性。

表 3–1　样本基本情况

变量	变量含义	人数	百分比（%）
学历层次	本、专科生	318	83.03
	硕士研究生	64	16.71
	博士研究生	1	0.26
政治面貌	党员（含预备党员）	146	38.12
	共青团员	167	43.6
	群众	70	18.28
学生干部情况	是	159	41.51
	否	224	58.49

（二）大学生生态文明意识养成教育成效

1. 大学生生态文明意识养成教育整体趋势向好

自然环境的恶化促使人类社会开始将关注点集中在生态环境方面。由于时代的进步与发展，人们获取信息的渠道变得越来越丰富，大学生可以通过手机、电视、广播、网络等不同渠道了解到最新的关于生态环境方面的信息。本次调查问卷中有关生态基础知识的部分分别列出了空气质量、生物多样性、全球气候变化等问题，其中对问题大体了解的被访者占比 50.79%，对问题非常了解的被访者占比 26.23%，将这两类人员数量相加占总受访者的 77.02%。由此可见，高校对大学生的生态文明意识培养较为成功，大部分人对相关知识具备一定的认知与了解。

在调查当代大学生对生态环保相关知识的掌握情况时，有针对性地设计了若干问题，用来检验他们对于相关知识的认知程度。具体如下：

其一，大学生对人与自然关系的认识。通过调查问卷中第 1 题采集的数据信息可以看出，有 83.29% 的受访者认为人与自然应当和谐共处，人与自然之间是一种一荣俱荣、一损俱损的关系。还有 16.17% 的受访者认为，人类的生存离不开大自然，我们需要从自然界中获取各种资源。仅有0.52%的受访者认为人与自然是彼此互不相干的关系，并且互不影响。在调查问卷中有一项是关于人能胜天、人类可以主宰自然的选项，没有任何人对此做出选择。由此可见，大学生通过马克思主义自然观的学习，能够更加客观地看待人类与自然界之间的微妙关系。

其二，对于目前国内生态环境发展状况的认识。调查发现，在受访者中，绝大多数人已经意识到国内生态环境所面临的恶劣形势，占总受访者的69.19%，他们认同在大家长期的共同努力下，生态环境已经得到改善，但是情况仍然不容乐观。从调查问卷中可以看出，有28.98%的受访者抱着较为乐观的态度，他们认为生态环境还是整体向好的，有1.83%的受访者认为存在的问题并没有想象中的那么严峻，可以忽略不计。同时，在该问题中有一个选项为“不太清楚”，没有人进行选择。从该调查可以看出，我国大学生对于生态环境问题较为关注，并且绝大部分大学生能够正确看待国内的生态环境。

其三，大学生的生态文明意识与生态文明情感的养成状况。这可以通过当代大学生在面对较为严重的生态事件时的态度反映出来。本次问卷调查中的第8题就是此类情况的一种反映，听说目前国内的生态环境处于较为恶劣与严重的情况时，有53.26%的受访者表露出焦虑与紧张，有44.91%的受访者表现出一种相对紧张的状态，有1.83%的受访者对于诸如大气污染、水污染、土壤污染等情况并没有太大感受。以上问题调查反映出当代大学生在日常生活中较为关注生态问题，在面对生态问题时产生一种生态文明情感，并且具有一定的生态文明意识。

此次对当代大学生的生态文明行为进行了调查。调查问卷中有一道题是在公共场合没有遇到垃圾桶时对手中垃圾的处理，有90.28%的受访者表示会将垃圾带至有垃圾桶的地方将其扔掉，有9.4%的受访者认为，他们会根据当时的情况决定是将垃圾随手扔掉，还是带至有垃圾桶的地方再扔掉，0.52%的受访者表示他们会选择随手扔掉。由此可见，当代大学生的生态文明意识已经基本养成，整体的生态文明素质有所提高。

如今的高等教育，无论是在硬件设施还是在教师队伍素质方面均有了很大程度的提高。马克思主义自然观的教育使得大学生能够对人类与自然的关系有正确的认识，并且能够很好地处理自身与自然界中的一切动物与植物的关系，并对大自然产生敬畏之心和保护自然环境的使命感与责任感。这些都使当代大学生具有一种高于前人的生态文明意识。当前，人们对于生态文明的关注度越来越高，都在为保护生态环境尽各自最大的努力。从调查中发现，绝大多数的大学生可以在日常生活与学习中不自觉地关注各种生态问题，并采取一些生态文明行为。

2. 高校日益重视大学生生态文明意识养成教育

近些年，大学生生态文明意识养成教育在高校的受重视程度越来越高，一些与教育相关的体系也在一点一点地完善，并在某些领域已经取得了令人欣喜的成绩。国内各大高校开始重视大学生生态文明意识的养成教育，虽然该项教育还没有设立为一门相对专业的教育学科，但是却足以看出高校对生态文明意识养成的重视程度。高校通过开展一系列丰富多彩的活动使大学生掌握一些生态文明方面的知识与观点。比如，课程培训、宣传讲座、生态安全实践活动等，这些都能够为日后建立专门的学科奠定一定的基础。从此次调查中，我们了解到被访者所在高校有关生态文明教育课程的开设情况。其中，有13.32%的受访者表示学校开设专门的生态文明教育课程，但是仅在公共课中有所设置；有8.88%的受访者表示学校的专业课中专门开设与生态文明相关的课程；有30.29%的受访者表示学校开设相关课程，但仅作为选修课供学生自由选择；有37.08%的受访者表示学校开设相关课程，但是并不固定；有10.44%的受访者表示学校没有开设此类课程。由此可见，目前国内各大高校已经开始陆续地开设或正在筹备开设相关内容的专业课程，也从侧面说明目前高校普遍对大学生的生态文明意识培养较为重视，并做出了相应的努力。

生态文明意识的养成教育越来越受到高校的重视，高校的生态文明课程目前已经取得一定的进步，并且未来生态文明的相关课程将越来越趋于职业化与专业化。目前，大学生学习生态文明相关理论知识主要是通过高校开设的思想政治理论课程。高校教师将思想政治理论课程作为生态文明教育的载体，在课堂教学中不断丰富授课内容，拓展研究内容与方向，不断挖掘大学生生态文明教育的课程资源，以全新的教学方法与理念，打造与众不同的教学情境，将生态文明养成教育的课程内容巧妙地融入思想政治理论课程中去，做到相辅相成、彼此互融。一些教学理念较为先进的高校已经在积极地探索与尝试生态文明教育实践课程的建设，改变以往的教学模式，充分发挥学习者的主观能动性。此外，高校对学生社团组织的生态文明活动的支持，也体现出高校对大学生生态文明意识培养的重视程度。

二、大学生生态文明意识培育的策略

（一）更新大学生生态文明意识养成教育理念

1. 主体性理念

现代教育体现的是一种主体性教育，强调在最大程度上认同与尊重个体的主体价值，促使个体的主观能动性能够充分发挥出来，促使以往客观的、外在的教育变为教育主体自发性的活动。因此，在高等教育中，应该清醒地认识到大学生是具有独立思考能力的成年群体，虽然在高校中，他们仍然需要被动地接受一些灌输式的教育，但是不可否认的是，现代社会越来越看重人才的独立性、自主性、创造性等特性，所以高等教育也应当做到与时代接轨，注重大学生的主观能动性的培养，将其发展成为教育的主体。

在对当代大学生进行生态文明意识培养的过程中，高校应当尊重每一位学生，要始终强调发挥大学生的学习主体作用。第一，高校在生态文明教育的课堂上，要把学习者作为教学活动的主体，促使教学围绕学习者展开，也就是说最大限度地开发学习者的潜力，发挥其学习的主观能动性，让学习由以往的被动变为主动，使其成为学习的实践中心，并在整个教育过程中寻找到真实的自我。第二，高校需要从自身出发更新教育理念，倡导一种探究学习、成才教育、快乐教育、自主教育等相融合的主体性教育模式。第三，通过一种全新的教学模式最大限度地激发出学习者的学习热情与激情，尤其是在生态文明意识养成的课堂上。如此一来，不仅学习者的学习兴趣被充分调动起来了，同时还可以提高课堂的教学效率，更加有助于生态文明理念的践行与生态文明意识的养成。在整个生态文明学习的过程中，若教师没有通过自己的教学活动培养出学习者的生态文明意识，这样的教育活动也就丧失了其原有的意义。理论学习虽然很重要，但是也要充分相信大学生作为独立个体的思考能力，主体性教育首先应该强调主体性的理念教育，促使大学生在课堂上充分发挥其主动性，从而将相关理论知识内化为自身的生态文明意识。

2. 系统性理念

大学生的生态文明意识养成教育，是一种相对复杂的教学实践活动，包括与生态教学相关的方方面面，尤其是需要国家层面的顶层设计，做好整体性、系统性的规划。从高校层面来看，大学生生态文明意识的养成应当通过一种相对系统化的教学过程来实现：从教育内容来看，应当注重生态文明法制教育内容、生态文明伦理、生态文明常识的协调与整合；从教育方式来看，强调实践活动与理论教学的有机融合；从教育要素来看，强调各要素之间的相互配合与协调。高校系统性的教育，需要在详细分析系统内部各要素之间的关系与规律的前提下，推动整体有序协调发展。

从社会的角度来看，大学生生态文明意识的培养需要采取系统性的教育观念，构建一种全方位、全程、全员的生态育人模式。其一，全方位育人，主要强调大学生的生态文明意识的培养除了接受学校教育之外，还需要与社会、家庭形成合力，共同促进其发展。其二，全程育人，主要强调大学生生态文明意识培养的具体要求，应当被渗透至校园生活和社会生活的方方面面，诸如校园环境、实践活动、网络宣传等。其三，全员育人，大学生生态文明意识的养成教育不能仅依靠思想政治教育老师的教学活动，还需要高校其他工作人员，包括班主任、辅导员等的共同推进。大学生是未来国家建设的主力军，他们生态文明意识的建立为未来社会的可持续性发展奠定基础，因此生态文明意识的养成应该获得全社会的帮助与关注。只有将这种教育形成某种系统性的理念以及系统化的教育机制，才可以确保高校培养出来的人才是符合生态文明建设要求的高素质人才。

3. 多样化理念

当今社会的发展在各个领域都呈现一种多样化，这些都来自人们思想来源的多元化与生活方式的多变性。高等教育的要求也不仅仅局限于成绩的提高，更多强调的是个体的全面发展。大学生正处在青春期，对各种新鲜事物充满好奇心。大学生生态文明意识的培养也应当顺应时代发展的需求，结合大学生个体的鲜明特征，在传统生态文明意识培养的前提下，根据每一位大学生的不同特点，最大限度地发挥校园优势与每位教师的教学特点，并采取更加多元化的教育手段与更加灵活的教育方法，促进其未来的发展。

高校的生态文明意识培养应当强调教育手段与方法的多元化，最大限度地利用已经存在的多元化工具，呈现多元化的教学课堂。第一，组织师生生态文明交流会、生态文明实践活动等。多样化的理念强调符合教育实践的相对灵活的管理与教学模式，强调相对宽松的社会政策，要营造和谐的教育舆论氛围，推动教育繁荣发展。第二，高校应当积极主动地进行多元化的探索，在管理与办学中主动创新，配合校园管理制度，实现真正意义上的多元化的生态文明教育。第三，满足学习者多元化的教育需求。社会不断发展，对人才标准的定义也在发生着变化。为了培养出更多能够满足社会需求的人才，高校也在做出努力，尽力调整课程安排与人才培养模式来适应这一变化。在多样化的教育理念的影响之下，国内各大高校都在尽可能地将各种因素考虑进去，发挥不同学科各自的优势，只有这样，才能使大学生生态文明意识教育达到最佳效果。

（二）丰富大学生生态文明意识养成教育内容

1. 生态文明常识教育

虽然目前大学生在积极地学习与掌握生态文明常识，并且涉猎的范围比较广泛，但是其精确性始终达不到理想要求。生态文明常识的学习是一切相关学习的基础，是生态文明意识养成教育的根本环节。高校在对大学生进行相关内容的教育培养时，应当做好教学内容的筛选工作，选择正规渠道的权威教材作为高校教学的参考资料。对于大学生生态文明常识教育，应当满足以下几方面要求：其一，对人与自然的关系有一个较为客观理性的认识。学习者应当明白人与自然之间是彼此依赖、相互依存的关系，人的各种行为应该顺应自然的发展规律，做到和谐共处，只有这样，才能实现人类社会的可持续发展。其二，对我国生态领域的基本国策与路线方针有所了解。这是当代社会对大学生素质要求的一个重要部分，也是其未来在社会立足与发展的重要条件。其三，应该明白中国与世界的生态发展状况。大学生应当第一时间了解世界生态领域的最新动态与发展趋势，并且明白当下人类社会最关心以及亟待解决的生态问题，如何才能更好地应对与解决这些世界性的生态问题。这些对于大学生而言都是至关重要的内容，也是他们未来投身于生态文明建设的必要前提。其四，树立可持续发展意识。它需要正确认识人与自然的关系，并在此基础上弄明白可持续与发展之间的关系。两者不应当是对立的，应当在发展中进行生态文明建设，促使发展实现可持续性。

此外，在对大学生进行生态文明常识教育的时候，应当强调其实效性。高校要使大学生生态文明常识的学习更加贴近生活、贴近实际，使大学生真正做到学有所用，才能帮助他们真正实现对所学知识的理解与掌握。同时，大学生作为生态文明建设的主要力量，他们必须掌握更多、更深的生态方面的相关理论知识。高校应该对大学生在生态文明常识的学习方面提出严格要求。常识的储备，是人形成观念意识与发展技能的基础。树立可持续发展的意识与掌握生态文明常识，是大学生全面发展的必要条件，也是未来社会生态文明建设与发展的必要条件。

2. 生态文明伦理教育

人与自然和谐相处的终极追求与最高境界是人们在生态保护中树立的高尚道德情操，是自然与人的心灵交融。高校的生态文明伦理教育可以从如下几方面入手：其一，教育大学生热爱祖国的山山水水、一草一木，让大学生逐渐培养起爱护大自然、保护生态环境的意识，为其之后的环保行动奠定感情基础。其二，使大学生改变以往对于生态问题不关心的态度，让他们能够正向面对如今的生态环境，并且在这个过程中产生诸如担忧之类的情绪，这些便是积极的生态文明情感，这些情感可以自然而然地激发大学生投身于保护生态环境行动中的热情，促使其带着这份热情去积极地解决我们所面临的生态环境问题。其三，培养大学生的生态文明责任感。促使大学生清醒地认识到自己同为“蓝色星球”的一员，有责任也有义务为保护地球环境做出应有的努力。大学生与其他年龄段的受教育群体不同，他们已经具有一定的独立思考问题的能力，也是较为成熟的群体，对其生态文明教育的标准要求也相对较高，不是仅仅停留在节约用水、垃圾分类等简单的问题方面，而是需要进一步研究与探索人与自然之间和谐共处的方式等。人与人之间是彼此平等的，没有高低贵贱之分，地球上的一切生灵都值得我们去爱护与保护。地球上的万事万物都有其存在的价值与意义，需要我们大家共同维护，使得地球生态能够始终保持在一个相对平衡的状态。生态文明伦理教育与其他伦理道德类似，要求大学生在生态文明领域具备一定的道德准则，约束自身的行为，培养维护生态平衡的责任感，积极行动起来保护我们赖以生存的地球家园。

3. 生态文明法制教育

高校生态文明法制教育的具体内容包括：其一，对我国生态文明相关法律法规的学习。大学生在学习与了解相关法律法规的前提下，将其当作自身行为规范的底线，并以此来指导生活中的各种行为。这样的学习，不只限于理论知识的学习，更多的是学习一种法律意识与法律精神。其二，对国际生态公约的学习。生态环境问题关系所有生活在地球上的个体，这是我们身为地球人所要面对的必然问题。大学生在熟悉国际生态公约的前提下，主动为人类命运共同体的建立做出努力，进而为解决全球生态困境贡献力量。其三，对具体的生态事件的学习。大学生通过对某一生态事件的学习，对生态文明法律与法规的应用会有一个较为直观与清晰的了解，真正做到巩固其生态文明法治精神与生态文明法制知识。

要想取得良好的生态文明法制教育效果，仅注重法制教育内容是不够的，还需要采用合理且有效的教育途径与方式。第一，用一种相对常态化的教育方式，即通过课堂讲授的方式，将相关内容传授给学习者。第二，高校可以不定期或者定期举办一些类似于生态文明法制演讲、生态文明法制辩论会等活动，宣传最新的有关生态文明法制的内容。第三，借助校园内的各类户外电子宣传屏以及一些设置在教学楼、住宿楼外部的宣传栏进行校内宣传，让此类内容在校园内随处可见，在潜移默化中影响着学习者。

（三）完善大学生生态文明意识养成教育机制

通常来说，当代大学生生态文明意识的培养主要是通过大学教育得以实现的，大学教育的文化氛围、师资力量以及教育方式都会影响大学生接受生态文明教育内容的程度。大学只有一直不断地丰富该教育机制，才可以适应社会发展需求，使大学生树立正确的生态文明意识，并在生态文明建设中发挥应有的作用。

1. 改进生态文明意识教育方式

作为大学生生态文明意识培养的主阵地，大学一方面需要注重思想政治理论课程中有关生态文明方面的知识传授，另一方面又要顺应时代发展变化，增设相关专业与选修课程，以适应广大在校生的需求。除上述课程设置方面的改进之外，还应当注重课堂教学的模式和方法，通过课堂上学生的反馈，积极改进不适合的教学模式，不断激发大学生学习生态文明理论知识的兴趣与主观能动性，从而促进生态文明意识的培养与发展。如何对高校生态文明教育方式进行改进，可参考以下几点建议。

（1）加强生态文明理论知识在思想政治理论课程中的体现。

大学生接受生态文明教育主要是通过思想政治理论课程。思想政治理论课程是一门必修课，为了增强大学生的生态文明意识，需要在思想政治理论课程中不断丰富相关内容，使得该课程在生态文明教育方面发挥出应有的作用。

（2）营造生态文明情景，提升课堂质量。

为大学生营造生态文明情景，既可以提升课堂质量，又能够让大学生身临其境，进而产生共情。例如，通过一些看得见、摸得着的实体物质，包括图片、影像资料等促使大学生产生情感共鸣，帮助其逐渐树立起正确的生态文明价值观。此外，教师还可以通过实例的讲解，让大学生有种设身处地的感受，促使他们能够真正意识到生态文明意识培养的重要性，从而激发他们保护环境、保护大自然的使命感与责任感。

（3）生态文明教育多学科间的相互联动。

在与生态文明相关的学科之间形成一种联动，促使这些学科都能够在彼此联动中得到发展。这种联动的关键作用就是促使大学生通过学习相关学科知识，明白学科彼此之间存在的共通性与差异性，不断丰富理论知识，在潜移默化中学会知识的融会贯通，不断完善生态文明意识。

仅仅依靠教师在讲台上对相关知识的讲解，不足以让大学生对生态文明的理论知识有较为深刻的理解与感悟，需要从一定程度上对其进行改进，便于激发大学生对于该领域学习的兴趣及积极性与主动性，进而养成生态文明意识。生态问题涉及的学科知识较为广泛，不是简简单单地通过一门学科的知识就可以让大学生对其有一个全方位的认识，而是需要通过多种多样的活动开展与情景设立，以及多学科间的联动，帮助大学生形成较为立体与直观的认识与了解，在这个过程中，还能不断拓展大学生相关知识的储备，激发其学习的积极性与主动性。通过教学，大学生不仅提高了知识的运用能力，而且加深了对生态文明建设紧迫性的认识，避免了生态文明教育的空洞化。

2. 提升教师队伍建设水平

高校教师在大学生生态文明意识养成中充当重要角色，他们既是生态文明理论知识的诠释者，也是大学生生态文明意识养成的培养者。高校教师的生态文明意识、专业水平及教育理念对大学生的影响是较为直接的，因此，高校应当重视教师队伍的建设，尤其是在生态文明相关素质的培养方面要加大力度，教师在该领域的素质水平直接影响着大学生生态文明意识的培养。

高校应强化教师队伍在生态文明教育方面的能力与水平的提升。第一，高校应当定期或者不定期地聘请一些在生态研究领域有威望的专家学者来校，进行一些与生态文明相关的课堂讲座或是技能培训等。内容主要围绕具体的应用技巧与相关的理论知识，在提高教师队伍的生态文明意识的同时，也在无形中提高了教师生态文明教学技能水平，从而更好地帮助大学生建立起正确的生态文明价值观。第二，组织教师到生态文明教育方面做得比较出色的学校观摩，学习对方的先进教学理念与教学方法，从而提高其自身在该领域的教学质量与水平。

提高教师生态文明教育业务水平的方式之一是进行自主学习。第一，教师在业余时间应当充分进行相关理论知识的学习，如通过借阅或购买相关理论书籍、学术期刊等，掌握最新的生态文明领域的前沿思想与理论，以及各种法律法规的规定，全方位了解国内外关于该领域的最新研究成果，并进行一定的思考与总结。第二，积极参加各类与生态文明相关的专家讲座，知晓最新的理论知识与发展趋势，并对其进行反思与理解。第三，在平时要积极地与相关专业教师进行业务方面的交流与学习，在互通有无的过程中了解自身存在的不足，使得个人的业务能力与水平不断得到提高。由于教师是生态文明意识的传播者与诠释者，因此，他们在这方面的水平直接影响着学生的学习程度。教师是不断促进校园生态文明建设以及学生生态文明意识养成的关键所在，也是校园生态文明机制得以完善的重要载体之一。

提高教师队伍建设水平，一方面需要依靠教师的努力，另一方面还需要高校层面的支持。师资力量直接影响着大学生生态文明意识养成教育，无论是校方还是教师都应时刻保持与时俱进的精神，明白社会对于生态文明建设领域人才的具体需求，不断提升教师队伍的业务水平，有针对性地对大学生进行培养。

3. 构建生态文明校园环境

所谓校园环境，一方面涉及环境卫生、基础设施及绿色设计，另一方面与校园氛围、教学理念等精神层面建设有关。构建生态文明校园环境可以从以下方面做起。

其一，生态文明环境建设。高校可以借助电子屏幕、广告牌、展示栏、警示牌等，通过各种易于学生接受以及相对幽默的宣传语进行生态文化宣传。

其二，生态文明奖惩制度建设。根据校园生态文明建设的具体情况，不断完善各类奖惩制度明细，并将其纳入综合素质的评价体系，通过树立生态文明行为的榜样与惩罚不良生态文明行为，使生态文明校园环境建设日益完善。

其三，生态文明网络文化建设。高校在微博账号、微信公众号、学校官网等新媒体平台设置与生态文明相关的文化专栏，将生态文明相关理论知识通过这些平台进行宣传与推广。与此同时，高校校园网中的论坛也可以开设相关专栏，供教师与学生进行相关知识的探讨与交流。

“近朱者赤，近墨者黑”。环境氛围对于个体的影响是显而易见的，大学生生态文明意识的培养可以通过校园环境无形中的熏陶得以实现。高校通过这种方式对大学生进行生态文明教育，使其能够在相对舒适与放松的状态下学习相关理论知识，并采用这些理论去评价个体行为是否符合相关规范标准。在这个过程中，大学生的生态文明情感得以升华，逐渐培养出生态文明意识。

（四）强化大学生生态文明意识养成教育实践

理论学习的目的是指导现实生活中的实践，也就是说，理论得以实现的唯一途径是实践。如果仅从理论层面帮助大学生树立生态文明意识无法产生实际效果，高校就需要通过一系列的实践活动加深他们对生态文明相关理论知识的认识与理解，并且在这一过程中逐渐培养大学生的生态文明情感与使命感。

1. 开展形式多样的校园生态文明实践活动

大学生作为生态文明意识养成教育的主体，生态文明意识养成需要其全程参与，参与的方式多种多样，既包括理论层面的学习，也包括相关具体实践活动的组织与参与。大学生在一个个具体的生态文明实践活动中不断丰富自身的理论知识，同时也在一定程度上培养生态文明意识。

其一，通常来说，高校内部的生态文明实践活动的组织者是学生社团与党团组织，它们在具体的实践活动中发挥示范带头作用。具体体现在两个方面：一是高校的党团组织通过评选优秀集体与个人，树立校园生态文明建设榜样，让大学生从中学习到更多生态文明相关知识，纠正自身不良文明行为，促使其生态文明意识的养成。二是校园内的学生社团通过开展丰富多彩的校园活动，诸如生态文明论文征集、生态文明摄影作品展、生态文明知识竞赛等，让大学生在各种活动中增长生态文明的相关知识，并为国家生态领域的发展与建设提出建设性的意见与建议。丰富多彩的校园生态文明实践活动，促使校园教育功能得以显现。大学生通过组织与参与活动，既增强自身的生态文明意识，也充分发挥在生态文明教育中的主体地位与作用。

大学生参加生态文明实践活动

其二，鼓励大学生积极参与各类生态文明的志愿者活动。志愿者活动是一种常见的实践教育活动形式。大学应当积极地与社会各类团体组织、企业与政府取得联系，为生态文明志愿服务平台的搭建而共同努力，借助社会力量培养大学生生态文明意识，与此同时，多方共同合作，以校园为主，设计一套系统性的生态育人教育教学体系，针对不同的教育对象制定与之相匹配的教学标准，不断丰富教育实践活动的形式与内容，鼓励学生与教师多参与此类实践活动，借此机会了解更多有关我国生态建设方面的最新情况。组织在校生定期参与一些国家生态建设项目的社会调研、产业化的科研项目，真正意义地实现校企联合育人的教育教学模式。在校生可以通过生态文明志愿服务平台找到更多的活动参与机会。与此同时，大学还可以采取一定的学分奖励制度，调动大学生参与社会生态文明建设的积极性与主动性，并在这个过程中逐渐培养他们对保护生态环境的责任感与使命感。通过这些具体的实践活动，一方面，增加了大学生开阔视野以及丰富生活经验的机会；另一方面，在具体的社会实践活动中，大学生完善自身的生态理论知识，提高服务技能，增强服务精神与奉献精神。这些经历都在一定程度上积累了生态文明建设的经验，为大学生未来参与国家生态文明建设奠定基础。

大学生通过参与丰富多彩的生态文明实践活动，使自身所学的生态理论知识得以巩固，同时在此过程中锻炼生态文明建设的实践能力，从某种意义上来说，更加有助于他们的生态文明意识发挥应有的效应。

2. 建立地方特色生态文明教育实践基地

如果单纯依靠在学校内部组织各类生态文明实践活动，无法真正做到与社会生态文明建设实现接轨。高校作为生态文明意识养成教育的主阵地，应当积极地在周边地区进行调研，充分与当地政府、企业形成友好关系，建立起校企合作的生态文明实践教育基地，并开设相应的实践课程。

第一，高校应当积极地寻求社会各界的支持与赞助，充分利用当地丰富的地理资源，建立生态文明实践教育基地，为大学生生态文明意识养成教育提供平台，使大学生可以在学习过程中获得更加直观的感受，并且在实践活动中激发生态文明情感。这样的实践教育方式，一方面可以巩固大学生课堂所学的理论知识，另一方面能够使大学生认识到自身存在的问题，并及时纠正。

第二，高校可以尝试与当地生态环境保护相关的企业、政府部门取得联系，通过政府、企业、高校等多方合作，使高校的生态文明意识培养工作更具针对性，同时也可以更好地满足社会对生态文明建设的人才需求。此外，高校还可以通过在一些具有纪念意义的特殊节日举办一些相关的大型活动，增强大学生的理论认知与体验感。

3. 组织寒暑假生态文明社会实践活动

通常来说，寒假与暑假是大学生放松休闲的好时机，同时也是大学生进行各类社会实践活动的高峰期。大学生参加生态文明社会实践活动的方式有两种：一种是自主参与社会实践活动，另一种是自愿参加由学校组织的各类社会实践活动。目前，学校组织的各类寒暑假实践活动主要包括“三下乡”活动、社会服务及社会调查等，与生态文明相关的社会实践活动相对较少。在此提出两种寒暑假生态文明实践活动途径：其一，高校在现有的寒暑假社会实践活动中不断扩大生态文明社会实践活动的比重与规模。其二，高校通过与生态相关部门建立友好关系，举办具有实际意义的寒暑假生态文明社会实践活动。比如，组织大学生开展社区生态文明知识宣讲活动，鼓励大学生利用寒暑假在自己的家乡开展实地考察并完成相应的科研报告，由高校组织大学生到污染严重的区域进行考察，到生态环境部门进行协助工作等。高校为了鼓励在校生踊跃参与此类活动，可以采取一定的学分奖励制度等。

生态文明社会实践可以加深大学生对于该领域理论知识的理解与掌握，而寒暑假正好是社会实践的最佳时机。此类活动是否能够真正发挥应有的效用，一方面取决于学校的有效组织，另一方面取决于在校生参与活动的积极性与主动性。高校应当最大限度地利用好寒暑假，与社会相关部门取得联系，获取更多的生态教育资源，借助形式多样的生态文明社会实践活动，让大学生对生态文明教育产生较为全面与直观的认识，从一定程度上充分调动他们参加生态文明实践活动的积极性，并在这个过程中激发他们的生态文明情感，从而促成生态文明意识的养成。综合来看，这是最具社会价值的方式与途径。

（五）形成新时代生态文明意识养成教育新合力

1. 利用信息媒体加大宣传教育

现代科学技术发展迅猛，尤其是在信息领域，其影响范围波及生活领域的每个角落。在这样的时代背景之下，生态文明意识养成教育势必会受到一定影响。全新的传播路径与传播渠道，使生态文明意识的培养方式发生了一定程度的变化。如何正确引导大学生科学合理地使用新媒介进行相关内容的学习是当今时代需要面对的一个关键课题。

（1）充分利用新兴媒体的快捷与方便。

全新传播媒介的出现与发展，让世界各国之间的信息共享变得越来越便捷，其传播的具体特征为传播速度快、传播范围广。在大学生群体中，此类新媒体的运用极为普遍。大学生通过运用这些传播媒介，可以在最短的时间内获取第一手的信息资源，对自身生态文明意识的培养具有一定的积极影响。例如，通过视频短片的方式将生态文明的相关理论知识呈现在大学生面前，既节省了信息传播时间，又可以通过生动形象的画面让大学生在相对较短的时间内直观地了解相关知识，在一定程度上激发大学生的生态文明情感，使其对自己的生态文明行为进行反思与纠正，为将来投身生态文明建设实践奠定良好的基础。

（2）注重发挥传统媒体不可替代的功能。

传统媒体与新兴媒体相比，其稳定性较强，同样的新闻报道，传统媒体的传播内容具有一定的深度与广度，信息传播速度相对较慢。一般情况下，传统媒体更适合传播国家政策类信息、宣传教育类信息，此类信息更具有权威性与指导意义。大学生可以通过正规的传统媒体获取国家关于生态文明建设的战略部署，更深刻地理解生态文明意识培养的意义所在。

2. 优化家庭生态文明教育环境

在每一位孩子的成长过程中，学校教育固然重要，但是家庭教育也是孩子成长过程中不可忽视的关键一环。从孩子出生开始，父母就是孩子模仿的第一对象，父母的一言一行对孩子的影响毋庸置疑。因此，我们常说，父母是孩子的第一任教师，在孩子成长过程中发挥的作用虽然不像学校那样明显，但正是这种不经意的或潜移默化的影响，对孩子各种观念的形成起到至关重要的作用。所以，现代教育始终强调要为受教育群体营造良好的家庭氛围，给足孩子安全感与归属感，并让他们在一些家务劳动中培养责任感，这些都是家长要时刻注意的问题。总而言之，营造良好的家庭氛围，不断优化家庭生态文明教育环境，是大学生生态文明意识培养的关键所在，而家庭生态文明教育环境的优化需要家长的言传身教才能实现。

首先，在家庭教育中应当意识到语言教育的重要性，通过一些正确的语言表达引导大学生的行为，尤其是生态文明行为的引导方面。例如，在家中，我们应该通过一些容易被孩子接受的语言表达方式来传达一些重要思想与理念，包括提倡绿色出行，减少大气污染，保持室内环境卫生干净整洁，节约用水用电，尽量不使用一次性产品等。除此之外，在进行家庭旅行的时候，家长要表达出对祖国山河的热爱之情，从而使孩子在这种耳濡目染中学会珍惜生命、爱护大自然。

其次，家长的以身作则实质上就是要在家庭中起到榜样的作用，在大学生心目中树立良好的形象，大学生会在不知不觉中去模仿与学习。对家长而言，应当全面了解生态文明相关的理论知识，保持正确的生态价值观，在生活中处处学会勤俭节约。家庭的一些生活习惯也会对大学生产生一定的影响，比如，家长与大学生经常关注一些有关生态文明的相关新闻报道、纪录片等，并且可以在观看后对其内容进行交流互动，从而在拓宽大学生视野的同时，也加深了大学生对生态文明理论知识与世界生态现状的理解与掌握。除此之外，在周末或者节假日，可以以家庭为单位参加一些与生态环保有关的公益活动，激发大学生的生态文明情感，促使其生态文明意识的增强。

3. 整合社会生态文明教育资源

第一，高校应当积极与社会资源取得联系，与政府相关部门、社会团体或企业建立友好关系，鼓励大学生积极参与各类生态文明公益活动或志愿者服务，让他们在这个过程中逐渐体验到生态文明建设的重要性。

第二，发挥文化产业对大学生生态文明意识养成的重要作用。可以借助一些音乐表演、话剧演出、美术展览、影视作品及文学作品将生态文明意识展现出来，使大学生在接收这些艺术表现形式所传达出来的信息时，在无形中产生一种生态文明情感，进而更好地促进其生态文明意识的养成。

第三，明确生态文明法制体系在大学生生态文明意识养成方面的保障作用。首先，强调生态文明立法的科学性与客观性，不断加大受众群体参与立法的力度，确保立法的透明度等。其次，国家在生态文明建设中应当加大各类执法力度，使执法体系得到进一步完善，真正做到科学执法、公平执法，既让公众的公共利益不会受到损害，也可以间接地推动我国的生态文明建设。再次，人民群众对于法律的自觉遵守与拥护直接影响着我国法律的正常运行，因此，我国政府相关部门应该加强日常有关生态文明领域的法律法规的宣传与解读，促使这种意识观念深入人心。最后，由于大学生群体也是社会重要的一部分，大学生群体不仅要接受学校生态文明的相关教育，同时也会在社会中受到一定熏陶。所以，要积极通过各种社会生态文明宣传教育平台，最大限度地发挥文化产业对大学生的生态文明行为的影响，充分调动社会各类生态文明教育资源，帮助大学生建立起正确的生态价值观，通过各类实践活动激发出他们的生态文明情感，从而促使其形成生态文明意识。

（六）培养大学生生态文明意识的自我教育能力

1. 增强生态文明理念内化的自觉性

虽然大学生可以通过课堂学习到众多的生态文明理论知识，但是学习知识并不是最终目的，如何将这些所学知识进行内化才是重点。要想使这些知识内化，首先要让大学生具备一定的学习自主性，有了这种自主性与主动性之后，才能促使这种观念意识影响到大学生的行为。

大学生应当认真记录课堂上老师讲授的内容，尽量做到及时消化所学知识，并将这些知识与日常生活有机结合，从而形成对知识的全新理解。在生态文明理论知识的学习过程中，大学生会产生一定的生态文明情感，在这些情感的影响下，会在不知不觉中形成一种对生态文明建设的使命感与责任感。大学生对生态文明理论知识的掌握是形成生态文明意识的前提。

此外，大学生应当积极参与学校组织的各类与生态文明相关的活动，如各种知识讲座、生态文明知识竞赛等。此类活动参加得越多，越能丰富与完善自身的生态文明理论知识与观点，有助于生态文明意识的形成。

2. 加强生态文明行为实践的积极性

可以说，大学生生态文明行为是由他们所接受的生态文明意识养成教育所决定的。所以，衡量大学生生态文明意识养成教育成功与否，知识理论的内化是一方面，但更重要的是看大学生在生态文明行为方面的具体表现。当大学生能够积极主动地参与一些生态文明实践活动，并且通过这些具体的实践活动可以做到生态行为的自我反思时，则表明此类教育是相对成功的。

大学生在生态文明实践活动中应当积极发挥自身的主观能动性，尤其要经常参加一些生态文明志愿者服务活动以及由学校组织的各类生态文明知识竞赛等活动。这些具体的实践活动，不仅可以促使大学生将所学的生态理论知识得到巩固，同时还能不断地丰富与完善自身的相关知识与观点。除此之外，大学生还应当在日常生活中自觉遵守各类生态文明行为规范与准则，积极投身生态文明建设中，促进自身生态文明意识的培养。

大学生生态文明行为实践的积极性体现在两个方面：一是参与此类活动的积极性，二是对于自身生态文明行为进行反思的积极性，以及对抗外界不良干扰的主动思考。大学生在日常生活中应当积极主动地反思自身的生态文明行为是否符合相关规范要求，如果不符合应当及时纠正。此外，大学生在面对各种危害环境的行为时，应当保持头脑清醒，不因从众心理而做出一些不利于生态环境保护的行为。大学生应当理智思考，在危害生态环境的行为面前勇于说“不”，将自己的生态文明意识通过一个个具体的生态文明实践活动彰显出来。

注重对大学生生态文明行为实践积极性的培养，从某种程度上说是增强其生态文明意志力的表现，更加有助于大学生践行生态文明理念，同时也促使大学生在日常生活中养成生态文明行为习惯，成为生态文明意识的宣传者与践行者。所以，高校要不断增强大学生生态文明行为实践的主动性，促使其主动参与到我国生态文明建设中去。

第四章　提升大学生生态文明责任

学习目标

知识目标

1. 了解大学生生态文明责任教育的相关概念。
2. 了解大学生生态文明责任教育的理论基础。
3. 了解大学生生态文明责任教育的目标及原则。

技能目标

1. 掌握大学生生态文明责任教育的主要内容。
2. 掌握大学生生态文明责任教育的策略。

素质目标

1. 提升对大学生生态文明责任的整体认知。
2. 增强对大学生生态文明责任的学习意识，培养生态文明责任感。

在当前全球生态危机问题日益突出的背景下，提升大学生生态文明责任，可以帮助大学生了解当前环境问题的严重性，培养他们的环保意识和责任感，鼓励他们积极参与生态文明实践活动，将生态文明理念转化为实际行动，为建设美丽中国贡献力量。

第一节　大学生生态文明责任教育

一、大学生生态责任教育的概念及理论基础

（一）大学生生态责任教育相关概念

1. 责任与生态责任

（1）责任。

责任，可解释为：其一，使人担当某种职务和职责。其二，分内应做之事。其三，做不好分内应做之事因而应承担的过失。由此可知，任职、分内事、因过失而受处罚构成责任的三个具体内容。有学者认为：所谓责任就是指作为现实的人，基于自己特定的社会角

色和在社会实践中形成的行为能力，对自己、他人、社会、自然以及人类完成相应义务以及承担相应后果的法律追溯和道德要求。这里强调两层含义：第一，在现实社会中，人有其固有的社会角色，依据不同的社会角色承担相应的职责或责任，履职就意味着履行责任。第二，没有履行好社会角色所赋予的责任就要受到道德或法律的惩罚。这是由人的社会属性决定的，不以人的意志为转移。这一论断指明了履责与问责的有机统一。

（2）生态责任。

何为生态责任？在责任主体与环境发生关系的过程中，第一，要明确自身生态责任主体这一职责。自己是生态责任的主体，不是政府，也不是企业，每个人作为自然的一分子都对自然环境有保护的职责。第二，要明确自己分内应做的事。就生态环境而言，个人应节约资源、保护环境，保持环境干净整洁。第三，职责所在没有做好，必须要承担惩罚，严重的甚至要承担法律责任。生态责任首先是一种职务和职责，是行为主体的一个角色界定，也就是说，个体要首先明白自身的生态责任主体这一职责。其次，生态责任是个体对于自然和生态应该做的事情，也就是要明白作为生态责任主体什么应该做，什么不应该做，如何履行自身生态责任。最后，对于没有履行或没有履行好自身生态责任的，应该承担哪些后果，受到何种惩罚。

生态责任一方面需要发挥道德的约束力，是道德责任，是个体主动亲近自然、爱护自然、同自然和谐相处的意念，否则就要受到道德的谴责；另一方面，在当下生态环境问题严峻的形势下，生态责任的另一内涵更应该充分发挥其功效，即对于不履行或没有履行好生态责任的行为主体所进行的惩罚。在特定的社会环境下，应特殊问题特殊对待。当下道德的约束力已不足以约束人的行为，环境遭到越来越严重的破坏，利用法律的强制性来规范人的行为，以适应不断变化的社会环境，是当下社会发展的紧迫性要求。基于以上所阐释的情况，我们所探讨的生态责任不仅包括对自然的道德责任，也包括不履行或没有履行生态责任所受到的惩罚以及惩罚的具体手段。

（3）生态责任的主体。

在过去几十年里，经济发展是以环境破坏为代价的粗放式经济发展，资源和环境的消耗伴随着经济建设的增长而逐步加剧，环境破坏的程度日益加深。那么，生态破坏到底是谁之失？谁应当成为生态责任践行的主体呢？首先，政府的生态责任。《中华人民共和国环境保护法》明确提出，保护生态环境是各级人民政府的基本任务之一。政府是生态环境保护的倡导者和政策的制定者，肩负着更多的责任和担当。环境的公共共享属性决定了政府在生态环境保护方面起到统筹全局、全面部署的作用。政府生态责任是政府服务职能在生态环境领域的有效发挥和扩展，着重体现了政府为人民服务的宗旨，这是政府的职责和担当。其次，企业的生态责任。企业是经济建设中从事经济活动的主体，企业在进行商品生产、为社会提供必要产品的同时也消耗了资源，造成一定程度的环境污染和破坏。因此，企业是政府管理和监督的主要对象。最后，个人的生态责任。人是环境消耗的主体，自然资源的过度开发和环境污染都是通过个人来完成或造成的，环境恶化是无数个人合力作用的恶果。而且，政府对生态环境的治理和监督需要人去执行，企业生产以及对环境治理采取的各项措施同样也需要人去执行。因此，人是生态环境的迫害者，是个人的生产及消费活动造成了环境的污染。同时，个人又是环境污染的主要受害者，每个人的生活都离不开一定的环境，环境好坏与个人的健康和利益息息相关。

2. 生态责任教育

生态责任教育并没有很长的发展史，据目前所掌握的资料来看，学术界对于生态责任教育的定义与内涵还处于探讨当中，并且生态责任教育也处于发展阶段。在可持续发展战略的指导下，环境责任教育不仅仅限于增强教育者保护环境的知识与技能，而是上升到了更高的层次，增添了价值观方面的内容。1972 年，英国环境教育专家亚瑟·卢卡斯就环境教育总结归纳出了环境教育模式——卢卡斯模式，被后人广泛运用。通过生态环境教育，使教育对象掌握更多的生态环境知识，了解生态的本质，然后正确看待人与自然的关系是相互影响、相互依存的；通过探索自然，提升教育对象改善生态环境的能力；帮助和引导教育对象去正确认识和对待生态环境，树立正确的生态价值观，培养良好的解决生态问题的态度。生态教育不仅要让教育对象掌握生物、物理等客观环境的理论知识，还要向学习者解释社会环境、经济环境和人类的发展。我们可以基于此试着对生态责任教育进行解释：它指的是教育者基于人与自然和谐共处的理念，为实现人类可持续发展的目标而开展的引导学习者树立爱护和保护生态环境的责任意识教育和行为教育。

生态责任教育是基于生态理念进行的教育，它主要强调对以往人与自然的关系进行改善，认为要想解决生态环境问题，必须通过提升人们的生态责任感这一根本途径。生态责任教育就是通过教育的手段，达到增强受教育者的环保责任感，改善生态文明行为的目的。只要人们形成了正确的生态观，对生产、生活中的各种行为就会起到一定的约束作用，使以往强制性约束人类行为的成本投入大大降低，使人们的生态文明观内化于心，然后自觉去践行生态文明行为，从而实现真正的可持续发展。

3. 大学生生态责任教育

大学生生态责任教育可以理解为，通过教育从道德和法律方面来帮助学生确立生态责任意识，养成生态责任行为，形成生态责任习惯，使学生成长为敢于承担责任、能够承担责任的主体。对大学生生态责任意识的培养、生态责任情感的发掘、生态责任意志的打磨、生态责任行为的锤炼，是当下高等院校推行生态责任教育的主要内容。

（二）大学生生态责任教育相关理论

不管探讨什么课题，都需要相关的理论基础作为支撑。对于生态责任教育的研究也是一样，其理论基础包括很多内容，如我国古代关于生态责任教育的思想、世界其他国家的生态观等。在大学生生态责任教育的相关研究中，这些理论都具有非常重要的价值和意义。

1. 中国古代传统文化中生态责任教育的思想资源

从人类诞生的那一刻起，人与自然的关系问题就已出现。我国的传统文化积厚流光、博大精深，其中也不乏很多与生态责任教育相关的思想，具有代表性的当属儒家和道家的一些保护生态、尊重生命和自然的思想观念，这些思想为现代生态责任教育的开展提供了很多有价值的思想资源。

（1）儒家生态责任教育的内容与原则。

儒家有很多生态责任教育的相关思想，虽然这些思想没有形成现代人眼中的理论体系，但其中所包含的价值主张从各个方面对人与自然的关系进行了揭示。在儒家思想中，仁义是非常重要的核心内容，生态责任相关的内容和原则也是基于仁义而建立的，仁义的教育也是儒家思想中关于生态责任教育的核心。

董仲舒延续了孔子的思想，认为“爱物”是包容在“仁”的怀抱中。董仲舒认为：“质于爱民，以下至于鸟兽昆虫莫不爱。不爱，奚足谓仁?”在董仲舒看来，只是“爱人”算不上是真正的仁，真正的仁是要爱世间的万物。儒家思想内涵在董仲舒的充实下，不仅仅限于“爱人”的范畴，而是扩展到了生物生态关系这一更加广阔的范畴，使儒家思想具备了与生态责任教育相关的内容。

儒家关于生态责任教育的内容是在和谐的原则下产生的，人在与自然打交道时，二者要和谐共处，要求坚持适度的原则，取物不尽物、取物以顺时。孔子曾教育弟子在面对世间万物时都要有包容的心态，他要求弟子钓而不纲、弋不射宿，用现在的话来说就是要注重动植物的可持续发展。董仲舒也非常反对人类肆意索取的行为，认为人类肆意破坏万物，会最终威胁到世间万物的生存，造成自然灾害。贾谊指出“草木不零落则斧斤不入山林”，就是说要对人类的行为进行约束，从大自然获取资源时也要保护好大自然，并且资源的获取要在特定的时段，要节约使用资源。儒家认为，要做到爱物，必须与天地合德，与四时合序。

人与自然和谐共处

（2）道家生态责任教育的内容和原则。

虽然道家关于生态责任教育的思想没有体现出系统性、统一性，但其思想中的道与德体现了生态责任教育的含义，包含了对人与自然关系的评价。道家思想和强调仁爱的儒家不同，其主要强调的是道与德，这也是该思想的核心，它不仅体现了宇宙观，也体现了历史观和价值观，其庞大的内涵不仅包含了人类内部的关系，也涉及自然生态的关系。

道家主张万物的本源是道，万物之所以会产生，也是因为道。万物的奥秘都藏于道中，道是处理人类内部关系的标尺，也是处理生态关系的准绳。在道家思想中，生态责任教育的相关内容是基于老子道论建立的。世间万物都是从道开始的，而具体事物则是以德为依据。道家强调要以宽容的态度对待别人，要心胸宽广。在自然生态关系上，道家同样是这样的主张。比如庄子说：“卧则居居，起则于于，民知其母，不知其父，与麋鹿共处，耕而食，织而衣，无有相害之心，此至德之隆也。”这种天地融合的情怀是德之极致。

道家关于生态责任教育的内容源于对自然无为原则的坚持。这里的自然就是顺其自然的意思，无为则是指不施加外力，其基本原则体现在两个方面：一方面是因任自然，另一方面是不妄加作为。道家认为人不应该以自己为中心，而是要尊重自然，不管做什么事，都不应干预过多，而是要尊重其客观规律，顺其自然的发展。道家还在生态中引入了“慈”，就是要求人们应尊重自然之道，要顺其自然。我们应该尊道贵德，生而不有，为而不恃，功成而弗居，最终使自然和谐，生态也处于平衡状态。对于人与自然的关系，人类必须正确看待，要爱护和保护自然，索取有度，对自己的欲望加以约束。道家思想强调，人要想长期生存下去，必然离不开大自然，人类的生存资料都是从大自然中获取的，但是，在索取时必须有度，要懂得知足，一旦跨越了索取的界限，会适得其反，将自己逼入危险的境地。“甚爱必大费，多藏必厚亡。知足不辱，知止不殆，可以长久。”

我国古代文化中关于生态责任教育的内容历史久远，它来自我国的古代哲学，具有朴素、直观的特点。取物不尽物、取物顺时的思想主张和如今我们强调的适度开发和保护自然资源的思想是大同小异的，都反映了取之有度、维持生态平衡的意识。“天人合一，物我统一”在如今我们对和谐家园的构建、人与自然关系的处理等问题上依然有着很好的借鉴意义，同时也使现代的生态责任观的内涵变得更加丰富，为生态责任教育体系的构建提供了重要的理论基础，对保护和改善生态工作起到了理论支撑的作用。

虽然我国传统文化中关于生态责任教育的思想很多都是具有很高的价值的，但不可否认的是，其也存在一定的局限性，我们在借鉴时应摒除没有用的内容，取其精华部分，古为今用，从而形成适应当今时代发展的生态责任教育思想。

2. 生态世界观理论中生态责任教育的核心主张

“生态学化”这一概念最早的提出者是苏联生态学家罗西（Rossi），他认为在人类生活的各个方面都应该纳入生态学观，未来发展要想实现科学化，就需要综合运用生态学。后来科学生态化不断发展，生态学的内涵不再局限于学科，而是慢慢演变成了科学性的思想，成了一种思维方法，体现了价值观、方法论的特征。

生态世界观关于世界的认识是：世界是一个整体，由相互联系的复杂关系组成，世界上的万事万物都是存在联系的。世界是一个有序的整体，始终处于动态变化的状态，复杂联系并没有使世界变得混乱，反而呈现了一种宏观上的有序状态。人类的意义与价值也体现在自然整体生产生活的过程中，存在于自然整体的进化中。对于生态世界观来说，系统性、生态性、综合效益等属于其核心的词汇。

二、大学生生态文明责任教育的内容、目标及原则

（一）大学生生态文明责任教育的内容

大学生生态文明责任教育的内容主要包括以下几个方面。

1. 生态文明观念的培育

（1）强调人与自然和谐共生：让大学生深刻认识到人类与自然之间的关系，明白保护

生态环境、实现可持续发展的重要性。

（2）倡导绿色发展：培养大学生绿色消费观念，引导他们积极参与绿色生产、绿色出行等活动，降低对环境的负担。

（3）弘扬生态文化：通过学习我国传统的生态文化，让大学生认识到生态道德的重要性，树立生态文明价值观。

2. 生态环境知识的普及

（1）生态环境科学知识：让大学生掌握生态环境的基本原理、生态环境问题的成因及危害等。

（2）生态环境保护法规：使大学生了解国家生态环境保护的法律法规，提高法制意识。

（3）生态环境技术知识：介绍环保新技术、新能源开发利用等，激发大学生创新意识，为绿色发展提供技术支持。

3. 生态文明行为方式的养成

（1）绿色生活：教育大学生在日常生活中节约用水、用电，减少污染，倡导绿色生活方式。

（2）环保参与：鼓励大学生参与环保志愿活动，提高环保实践能力，为生态文明建设贡献力量。

（3）低碳出行：倡导大学生选择公共交通、骑行、步行等低碳出行方式，减少使用私家车，降低碳排放。

4. 生态文明理念的传播与推广

（1）利用新媒体平台：鼓励大学生利用微博、微信等新媒体工具，宣传生态文明理念，提高公众环保意识。

（2）开展生态文明主题活动：组织大学生开展生态文明主题演讲、征文、实践活动等，营造浓厚的生态文明氛围。

（3）建立生态文明社团：鼓励大学生成立生态文明社团，共同学习、探讨、实践生态文明理念。

5. 生态环境责任意识的培养

（1）强化社会责任：让大学生认识到保护生态环境是每个人的责任，提高环保责任感。

（2）提升公民素养：通过教育培训，培养大学生良好的公民素质，积极参与生态环境保护。

（3）倡导公益精神：鼓励大学生参与环保公益活动，培养乐于奉献、积极参与公益事业的精神。

总之，大学生生态文明责任教育旨在培养具备生态文明观念、掌握生态环境知识、养成生态文明行为习惯、具备生态环境责任意识的新时代青年，为我国生态文明建设贡献力量。实施这项教育，有利于提高大学生的环保素养，推动绿色发展，实现人与自然和谐共生。

（二）大学生生态文明责任教育的目标

当代大学生生态文明责任教育的目标是提高大学生的生态责任心和生态素养，具体来说包括以下几方面的内容。

1. 增强大学生生态环境责任的情感体验

观念的形成要经历一个复杂的发展过程，在形成认知后会产生情感体验，然后再到意志的形成，最后进行行为实践，在此过程中，情感属于第二层级。随着主体对客体的认知越来越深入，主体会把客体和自身的情况联结在一起，然后产生价值判断，这个价值判断其实就是我们所说的情感。对于生态环境责任而言，其情感体验产生于对生态环境知识的认知，并在此基础上不断深化。情感体验是生态责任意识产生过程中的催化剂，通过情感体验，主体会和外在自然环境建立联系，然后在此基础上形成生态责任意识，最终进行生态实践。情感体验可以促进大学生对于生态知识的认知，使大学生懂得尊重生命、热爱自然，并且产生和大自然和谐相处的正确观念，最终养成良好的行为习惯。

2. 培养大学生养成良好的生态习惯

心理学认为，不管是何种习惯的形成，都是从不自觉行为向自觉行为转变的。起初的不自觉行为需要在外力作用下完成，然后经过多次强化，最终形成条件反射。不自觉行为转变成自觉行为以后就需要主体的意志来支配，通过内部的反复监督，最终将该行为内化为一种本能，这种本能也就是我们所说的习惯。在生态责任行为中，生态习惯势必是比较稳定的一类习惯，这种习惯形成的基础是对生态知识的认识和对生态责任的情感体验，在生态实践的巩固下，使行为更加深化，情感也更加固化，最终产生行为运动模式，该模式就是习惯。要想养成一种习惯，少不了意志的约束，也少不了对实践的不断强化。大学生只要能够养成良好的生态习惯，就会在以后的生活中自觉践行生态文明行为，同时，还会反作用于社会，带动社会公众的生态意识，从而推动生态的平衡发展。

3. 提高大学生生态责任实践的能力

生态责任实践能力就是理解、消化、运用以及掌握生态知识的能力，具体来说包括生态活动参与能力、生态环境研究分析能力等。生态责任实践能力是生态文明责任教育的立足点，也是对认知、情感体验等前几个层级的继续发展，对于生态环境知识的认知程度、情感体验的丰富度、生态习惯的坚守都是其实践能力提高的基础。对大学生进行生态文明责任教育，提升大学生相应的实践能力，然后让其将自己的这种能力应用到社会实践中去，从而引领社会生态新风尚。

（三）大学生生态文明责任教育的原则

原则是指个体所依据的基本准则和要求。大学生生态文明责任教育，应该在一定目标的指引下，遵循原则，逐步推进。

1. 与时俱进原则

大学生生态文明责任教育是时代性的热点话题。作为受教育者，大学生必须时刻牢记与时俱进的原则，这一原则充分体现了生态文明责任教育的时代性。生产力的发展使人们获得了巨大的财富，但是，随之而来的还有日益严重的生态问题，我们无节制的行为使大自然不得不面对毁灭性的破坏，能源的大量消耗造成了能源的逐渐枯竭，对人类的发展产生了阻碍。同时，生态环境的恶化也为人类带来了生态灾难，全球变暖、土地沙漠化等问题为人们敲响了警钟。面对日益严重的生态问题，生态文明责任教育便成为新时代的重要任务出现在人们的视野中。生态文明责任教育的内容非常丰富，并随着时代的发展不断充实，如我们所倡导的人地平等生态观念、理性消费等都是随着时代的发展而增添的新内容。同时，生态文明责任教育也会随着时代的变迁而衍生一些新的理念与观念。生态文明责任教育也要紧随时代发展，将教育内容和时代背景结合，使受教育者的责任感不断增强。此外，在教育方法上也要讲究时代性。如今，网络技术、多媒体技术等先进技术都已发展得非常成熟，生态文明责任教育可以灵活运用这些技术手段提高教育的实效性。

2. 实践性原则

在生态文明责任教育中要坚持实践性原则，具体来说就是要把生态文明责任教育和社会生活联系在一起，将提高大学生认知和培养行为习惯相结合，使大学生做到知行合一。对于大学生这一特殊群体来说，理论与实践的结合是非常重要的。因为在其行为的发展过程中，经常出现言行不一的情况，他们可能都懂道理，嘴上说得也很好，但在实际生活中却无法做到。如果教育脱离了实践，就只会成为空谈，从而失去开展生态文明责任教育的意义。要想对生态文明责任教育的成效进行检验，就少不了实践这一终极标准。因此，在教育教学过程中，必须重视对学生实践行为的引导，使学生养成良好的行为习惯，让学生主动参与到社会服务活动中去。只有经过了具体的实践，大学生对生态文明责任的情感体验和积极态度才能被激发出来，促使其将所掌握的生态知识向理论转变，最终形成一种责任感。在生态文明责任教育中，要始终坚持实践性原则，让学生真正参与进去，通过各种实践对如今的生态问题有一个正确且理性的认识，从而增强自身的责任感，自觉去保护我们赖以生存的家园。

3. 渗透性原则

在生态文明责任教育中还要始终坚持渗透性原则，也就是说，在具体的教育工作的开展过程中，必须对人的复杂性予以重视，然后结合各项具体工作，将生态文明责任教育的内容渗透至大学生学习生活的方方面面，这是一个循序渐进的过程。渗透性原则有着非常重要的作用，首先，遵循这一原则，可以使高校的各类人员都能参与到生态文明责任教育活动中去，从而形成一种教育合力；其次，通过渗透性原则可以使生态文明责任教育在不知不觉中影响大学生的生活，让大学生及时对生态文明责任有一个全面的了解，然后发挥教育效能，做到有的放矢；最后，渗透性原则符合教育社会化的要求。通过中介的作用以及网络的联系，生态文明责任教育不仅只是显性的直接教育，而且也带有隐性的渗透教育的特性。例如，通过图书馆、社团、实践基地等，让大学生了解目前全人类正面临着十分严重的生态危机，然后在实际生活中了解生态文明责任的具体要求，通过具体的实践来感悟生态文明责任的真谛，从而自觉增强自身的生态文明责任感。

第二节　大学生生态文明责任教育策略

一、大学生生态文明责任教育的近况

提到大学生生态文明责任教育的现状，就要分析大学生生态文明责任教育效果，了解近年来高校生态文明责任教育的情况和已经取得的成就等。只有这样，才能找出更好地实施生态文明责任教育的策略。

笔者通过对贵州省三所高校开展问卷调查发现，多数大学生有一定的生态文明责任意识，但总体上还处于被动阶段，在容易受到外界影响的同时也需要外界的监督。这离学校和社会要求的大学生要积极主动地承担生态文明责任还有一定的差距。

（一）大学生生态责任意识方面

在大学生生态责任意识方面，大学生中存在对自身责任意识认识盲目乐观的现象，当被问到“您认为对自身生态责任的了解程度”时，53.24% 的大学生选择很了解，33.2% 的大学生选择一般了解，只有 13.56% 的大学生选择不了解。数据显示，大学生对自身生态责任是有一个较为清晰的认识的。但是，在被问及“对于生态责任主体的选择”时，只有 37.07% 的大学生选择生态责任教育的主体是企业、国家和个人的事，环境需要共同维护，而认为是国家的事，需要制定相关政策的占到 43.47%，19.48% 的大学生认为生态责任的主体是企业，谁污染谁治理，企业生产污染了环境，因此生态责任的主体应该是企业。另外，在被问及“对大学生生态责任教育内涵的了解程度”时，31.54% 的大学生选择很了解，39.35% 的大学生选择一般了解，29.11% 的大学生选择不了解。以上三组数据表明大学生对于自身对生态责任意识的认知程度存在盲目乐观，当被问及具体细节时，大学生的选择却并不像他们以为的那样乐观。

另外，数据表明，大学生虽然有一定的生态责任意识，但他们的意志力不够坚定，容易受到同学和周围环境的影响。在被问及“您是否会主动向身边人宣传环保知识”时，52.36% 的大学生选择会主动向身边人宣传环保知识，31.4% 的大学生选择偶尔会，16.24% 的大学生选择不会宣传。这一数据表明相当多的大学生有主动宣传环保的意识。但是，在被问及“对有人乱扔垃圾、浪费资源时的态度”时，只有 21.0% 的大学生选择很气愤，会主动劝解，高达 67.05% 的大学生选择很气愤，但不好意思主动去劝解，还有 11.95% 的大学生选择不太在意，事不关己。三种选择代表了三种态度，绝大多数大学生在看到乱扔垃圾、浪费资源的现象时都表示很气愤，但能去主动劝解的却为数不多，这与在上一题目中绝大多数大学生会主动宣传环保知识的结论十分不符，这表明大学生虽然具有一定的生态环保意识，也能够意识到自身的职责所在，但当需要他们在实际行动中去维护环境、宣传环保时，他们却退缩了，并没有坚定的意志力去维护自己认为正确的东西，容易受到周围环境的影响。

（二）在意识到行为的转化层面

大学生都能意识到知行转化的重要意义，但在具体的实践中还是具有随意性，不受生态责任意识的约束，而是受自身主观意识的影响。在被问及“在外就餐是否会按需点餐、避免浪费”时，问卷中73.87%的大学生选择会按需点餐、避免浪费，但其中仅有26.3%的大学生认为避免浪费是每个公民的职责，会严格要求自己，有47.57%的大学生认为会，但点的时候把握不住量，会有浪费的现象，26.13%的大学生认为难得出去吃饭，还是随心所欲一点，不太会考虑避免浪费的事情。这表明大学生对于自身生态责任虽有认识，但意志还不够坚定，不能完全按照自己的意志去指导实践活动。

另外，大学生在自身履职方面缺乏自律，部分大学生甚至需要社会和公众的监督。在被问及“附近没有垃圾箱，您手中的垃圾会如何处理”时，仅有23.05%的大学生选择自己保留，随后扔入垃圾箱，有58.25%的大学生选择会丢在路边脏乱的地方或不显眼的地方，超过调查人数的半数以上，有18.7%的大学生选择没人看见就扔在地上。这一数据说明大学生在生态责任知行转化过程中缺乏自律性及主动性，这也进一步说明大学生的生态责任意识不够坚定，因而不能指导实践朝着正确的方向发展。当然，外在约束力是需要一定的执行政策，能够在初期帮助大学生养成稳定的行为习惯。习惯成自然，习惯的养成需要外在约束力，通过外在约束作用培养大学生良好的习惯，其效果是十分明显的。

（三）在政策措施的了解和执行方面

虽然绝大多数大学生对于政策措施的了解和执行选择了强烈和一般，在问卷中分别占到24.93%和51.25%，仅有23.82%的大学生对于政策法规的了解和执行能力较弱，但是，在具体的实践活动中却不尽人意。在被问及“你会用法律武器同破坏环境生态的行为做斗争吗”时，47%的大学生选择会，保护环境是每个人的职责所在。18.5%的大学生认为不一定会，因为这样做会给自己惹麻烦。还有34.5%的大学生选择不会，涉及法律的事情会很麻烦，不想惹麻烦，毕竟事不关己。这一数据表明大部分大学生认为自己能够拿起法律武器同破坏环境的行为作斗争。但当被问及“当您看到某单位排放废气废水时，您的态度”时，仅有9.7%的大学生选择自己会向有关部门反映，绝大部分大学生会很气愤但不会主动向有关部门反映，占到问卷人数的72.46%。另外，还有17.84%的大学生不太在意，认为工厂生产很正常。大学生确实反对破坏环境的行为，并且有拿起法律武器同其做斗争的意识。但是，当落实到具体行动上，大学生则表现出了动摇甚至退却，不能把这种意识真正落实到实践中。

（四）在学校的环境影响方面

好的环境是学习的保障，同样，环境也是生态责任教育的一部分，在干净卫生的环境中生活，学生也会不由自主地被环境所熏陶和感染。但是，在被问及“您对学校生态环境是否满意”时，31.4%的大学生对自己的学校生态环境很满意，认为学校环境干净整洁。

42.5% 的大学生认为学校环境一般，垃圾死角很多。有 26.1% 的大学生对学校生态环境不满意，认为学校脏乱现象比较普遍。这表明学校环境建设有待改善。另外，在学校生态环境建设中，在被问及“您认为学校生态文明建设存在哪些问题”时，认为使用一次性筷子和塑料袋造成环境问题的大学生占到 29.07%，35.2% 的大学生认为是乱扔垃圾造成了学校环境质量的下降，20.6% 的大学生选择破坏花草是学校环境治理首先要解决的问题，还有 17.5% 的大学生认为学校水电浪费严重。因此，在学校环境方面，学校应重视乱扔垃圾与一次性筷子和塑料袋的使用这两个问题。

二、大学生生态文明责任教育的策略

（一）全面丰富大学生生态责任体验

体验是个体受到外界刺激以后所产生的真实感受。心理学上认为，体验可以使个体对于外界刺激下所产生的感受得到增强，也可以使个体原有的认识进一步强化。知识认知要想转化成行为，就必须经历情感上的体验。对于生态责任教育而言，提高大学生对知识的认知仅仅是生态刺激冲击，还要让大学生经历更多的责任体验，才会对知识的认知进行强化，从而提高责任感。

1. 增强大学生对自然生态的亲近感

人与自然的密切程度是不言而喻的，这样的密切关系不仅体现在人类对自然的依赖、索取与改造上，还体现在人类在情感上与自然有着强烈的互通联系，大自然就像人类的母亲无私地孕育着一个个生命，而人类对于大自然也有着难以言说的亲近感，就像我们常说的田园感、故乡情等都是这种亲近感的体现。也恰恰是因为这样的独特情感，使人类对大自然存在敬畏之情的同时，还有着一种天然的归属感。因此，大学教育要抓住这一点，重视对生态情境的创设，让大学生亲身体验大自然带来的安定与和谐，从而对大自然产生浓厚的亲近与喜爱之情。提高大学生对于自然的亲近感，可以有效增强生态责任教育的实效性。

高校可以规划出特定的生态情境，然后通过教师的引导，使大学生获得全面的感悟体验，从而领略生态的真谛，感悟生命的伟大，并对大自然产生亲近感。比如可以在环境日、地球日等特殊节日设定特殊的主题，让大学生真正参与其中，然后再以大学生的个性为依据，进行情境的合理设定，从而引发大学生内心最本真的情感。高校还可以根据目前的环境问题对以后的环境进行预测，创设出合理的情境，从而引发大学生的思考，让大学生珍惜大自然给予的美好生活，与大自然产生亲近感，加强自身的生态责任感。

2. 培养大学生的生态审美愉悦

在人类生活中，生态审美愉悦是非常重要的生命体验，体验生态美可以让人们远离功利的世界，使人们找回初心，回到人与自然的和谐状态。这里所说的体验生态美，并不是简单地领略大自然的美丽风光，而是包含着人文的深沉的美，如山林中的寺院、江边的亭台、城市的公园绿化等，这些融合人类文化与自然的和谐之美，充分体现了人与自然的相互促进、和谐交融。

生态审美愉悦是生命的光辉，绿色植物转化光能维护自己的生命，绿色植物又养育着自然生命，在生态体系中无一不体现着生命的活力之美和生命的坚强之美。大学教育应该要求大学生深入大自然，与自然进行交流对话。比如丰收季节到乡村去感受农民丰收后的喜悦，去辽阔的草原感受风吹草低见牛羊的辽远，去茫茫的大森林感受树木挺拔的震撼，这些都会促使大学生在感受自然之美时体悟到深层次的生态审美愉悦。现在很多高校组织体验旅行可以加以借鉴。大学生们背起背包，穿行于大自然的壮阔之中，撑起帐篷，拥抱大自然，感受大自然的神奇伟力。

此外，高校也可以通过对名画、摄影作品的欣赏使大学生获得生态审美愉悦。比如，《向日葵》可以使大学生受到原始生命的冲击；我国传统的山水、花鸟等画作，可以使大学生感受到自然带给人的娴静优雅，体验自然带来的美好意境。大学生获得好的审美愉悦感，有助于唤起其对生态平衡的深度体悟，享受大自然带来的快乐与和谐，从而对大自然产生亲近感与责任感，这是培养大学生生态责任的重要途径。

（二）大力培养大学生生态责任行为

1. 培养大学生养成良好的生态习惯

良好生态习惯的养成需要长期训练和实践的过程。高校需要通过对大学生生态责任的不断训练，帮助大学生养成良好的生态习惯。

（1）养成依法环保的习惯。

高校教育应帮助大学生群体了解环境保护相关的法律法规，引导大学生学习《中华人民共和国环境保护法》《海洋资源保护法》《水资源保护法》《野生动植物保护条例》等，在法律法规的学习中要辅之以案例，贴近生活实际，使大学生从法律法规的角度认识问题，贯彻环保的生态习惯。让大学生群体明确、熟悉生态环境保护的法律法规，是做好环境保护的必然准备。熟悉了法律，还要将其运用到生活之中。大学生要按照环境法律法规的要求约束自己和周边人的环境行为，自觉遵守环境保护的基本制度。此外开展日常生活中行为的排查，形成依法环保的良好行为习惯，提高自身生态责任。

（2）培养生态消费习惯。

培养生态消费习惯，就是要求大学生养成不会对生态环境造成消极影响的消费习惯。这样的消费习惯的准则是满足基本的生态需求，标准是有助于人类的健康及保护生态环境。生态消费方式被大自然的承受力所限，养成生态消费习惯就是要倡导绿色消费，反对追求奢华、铺张浪费的行为。非生态、非理性的消费方式会给大学生的心理造成沉重负担，从而导致爱慕虚荣、盲目攀比的情况。大学生必须量力而行，勤劳节俭，树立正确的消费观。

2. 培养大学生的生态责任实践能力

生态责任的知识认知、情感体验，只有转化为具体的生态行为才能使其意义得到实现。生态实践能力是生态责任的落脚点，是对生态知识认知、生态情感体验和生态行为习惯养成的发展，是大学生生态责任的集中体现。培养大学生群体的生态责任实践能力，需要从以下两方面着手。

（1）提升大学生生态科研的能力。

人们大多认为，生态科研工作是学环境学、生态学等特定专业的学生的事，其他专业的学生并不需要为此付出太多精力。这样的看法其实是非常片面的。大学生要从自身出发，充分利用自己所学的专业知识进行相关的生态环境研究。生态科研不仅有深度的专业研究，也包括应用研究。只要对某个方面或者是某个环境问题有兴趣，就要开展相关的科学研究，对问题进行深度剖析，从而找出应对和解决问题的方法。

大学生完全可以从自己所学的专业出发，进行生态环境的相关研究，如社会学专业的学生，教师可以在教学过程中引导他们对人的社会行为进行分析和调查，然后对人与自然的关系进行分析。对于学习法律的学生，可以让他们从法律的角度来探讨生态环境问题。数学专业、机械专业、工程学专业等也是同样的道理，学生都可以结合自己所学的专业对生态环境科学进行研究。

（2）提高大学生参与生态实践的能力。

实践是检验真理的唯一标准，生态责任相关知识的认知以及所产生的情感体验，只有在经历了具体的实践以后才能体现其真正的意义与价值。高校必须为大学生提供足够的社会实践机会，让大学生通过参与生态实践活动，增强生态责任意识，以便日后更加积极主动地投身于生态文明建设中。教师在课堂教学之余，要积极带领大学生进行生态实践。高校也可以充分发挥生态教育基地的作用，通过基地设施、环境以及工作人员的共同作用，让大学生沉浸在生态基地活动中，以此来强化对生态知识的认知，增强情感上的体验感，使大学生提高自身的实践能力。

高校具体可通过以下活动来提高大学生参与生态实践的能力：让大学生参与生态相关的实践调查，在调查过程中，使大学生深度了解生态的破坏给人类带来的毁灭性危害，从而使大学生的生态责任感得到进一步加强；组织大学生参与类似绿化校园的活动，借助植树节、地球日等特殊的节日开展一些专题活动，让所有的大学生都参与到活动中；针对一些与环境相关的热点问题组织活动，如环境知识竞赛、辩论会、研讨会等，让大学生强化学过的生态知识，提升环保意识；设计一些环保标语、广告等，提升大学生参与生态实践活动的能力；和动物园、社区等进行合作，开展一些环保志愿者活动，让大学生担任导游、社区管理员等，切身参与到生态城市建设中去，从而增强大学生的生态责任感，提升大学生的实践能力。

第五章　帮助大学生树立正确生态文明观

学习目标

知识目标

1. 了解古代生态文明思想的精髓。
2. 了解现代生态文明思想的要点。
3. 了解大学生生态文明观的现状。

技能目标

1. 了解正确的生态文明观是什么样的。
2. 在生活中树立正确的生态文明观。

素质目标

1. 提升对传统生态文明思想的认知，吸取其精华。
2. 完善自己的生态文明观，在生活中践行好的生态文明行为。

大学生是社会的先锋力量，他们的行为和态度对周围人群具有示范效应。通过树立正确的生态文明观，他们将影响更多人关注和参与环境保护，形成良好的社会风尚。此外，帮助大学生树立正确的生态文明观对于培养具有高度责任感、领导力和创新精神的未来人才具有深远的意义，这将有助于推动社会的绿色转型，实现可持续发展，并为人类的未来创造更加美好的前景。

第一节　当前大学生生态文明观

生态文明是针对人类社会发展至工业文明阶段出现的严重环境问题提出的反思性理念，建设生态文明的初衷是通过修正传统发展，走天人合一、人天协调的文明发展道路。生态文明观念的形成对于科学认识人与自然的关系，有效解决人与自然的矛盾，实现人与自然的和谐共处，具有里程碑式的历史意义。

大学生群体是未来国家建设的中坚力量，肩负着国家民族未来发展的希望，其具备的生态文明素质、观念和态度直接影响着经济、社会可持续发展的进程。因此，推进生态文明教育，提高大学生的生态文明素质，帮助其树立正确的生态文明观念，培养其对待生态环境的正确态度，是建设生态文明的重要环节和关键措施。

一、传统生态文明思想概说

在人类历史发展进程中，人们越来越清晰地认识到人与自然是生命共同体，生态环境是人类生存最为基础的条件，生态环境保护是功在当代、利在千秋的事业。

（一）古代生态文明思想

我国古代贤哲对人与自然的关系有着深刻的认识，提出过极为丰富的生态文明思想，并且以其指导实践，为后人留下了宝贵的精神遗产。这些生态文明思想不仅为生态文明建设提供了重要的思想来源，而且为大学生生态文明观念的树立提供了理论基础和现实依据。

1. 天人合一，道法自然

天人合一既不是人类中心主义，也不是自然中心主义，而是把人类与大自然看作一个生命整体，人中有天，天中有人。

在中国思想史上，天的含义从命运之天、主宰之天、宗教之天到义理之天再到自然之天，经历了一个演进的过程。孔子说："天何言哉？四时行焉，百物生焉。"（意思是，天说了什么话呢？四季照常运行，百物照样生长）老子说："人法地，地法天，天法道，道法自然。"（意思是，人是以地的法则运行，地是以天的法则运行，天是以道的法则运行，道是以自然的法则运行）自然界的万事万物虽然变幻莫测，但其实都有其固有的运行规律，这种规律是客观存在的，是不以人的主观意志为转移的，是可以被人类所认识的。只要严格按照自然规律办事，就能做到趋利避害、逢凶化吉，而违背了自然规律，就会遭到大自然的惩罚。

既然天是不以人的主观意志为转移而客观存在的，那么，它与人类之间究竟是一种什么样的关系呢？老子认为，宇宙演进的模式是"道生一，一生二，二生三，三生万物"。人来源于大自然，是大自然的有机组成部分，是大自然造化的产物。人不能游离于自然之外，更不能凌驾于自然之上，人与天之间并不是各自独立、相互对立的系统，而是彼此之间有着不可分割的内在联系，人与天是相通的、不可分离的。

"天人合一，道法自然"的思想充分显示出我国古代传统文化思想对人与自然关系的深刻认识，为生态文明思想的进一步发展奠定了坚实的哲学基础。在今天，这一思想仍然有着重要的意义和价值，有助于推动我国生态文明建设的发展和进步。

2. 取之有度，用之有节

"取之有度，用之有节"出自唐代著名政治家陆贽的奏议《均节赋税恤百姓六条》。这句话的大意是，对于自然和社会产出的各种资源，要有限度地索取、有节制地使用，不能只顾眼前利益，而不做长远的规划和打算。

实际上，早在春秋战国时期，先贤们就已提出一系列类似的理论主张，如孔子提出的"子钓而不纲，弋（yì）不射宿"（意思是，不用大网捕鱼，不射夜宿之鸟），孟子提出的

“不违农时，谷不可胜食也；数罟（gǔ）不入洿（wū）池，鱼鳖不可胜食也；斧斤以时入山林，材木不可胜用也”（意思是，不违背农作的时节，收获的粮食就吃不完；不用细密的网在池塘里捕捞，鱼鳖就吃不完；按照时令采伐林木，木材就用不完），荀子提出的“春耕、夏耘、秋收、冬藏，四者不失时，故五谷不绝，而百姓有余食也”（意思是，春天耕种、夏天锄草、秋天收获、冬天储藏，这四件事都不丧失时机，所以五谷不断地生长，老百姓有多余的粮食），等等。这些思想表明，对自然资源的开发与利用，既不能违背自然界的运行规律，又必须有所节制，不能突破大自然的承载能力。

“取之有度，用之有节”是生态文明的真谛，我们要倡导节约适度、绿色低碳的生活方式，拒绝奢侈和浪费，形成文明健康的生活风尚；增强节约意识、环保意识、生态意识，培养生态道德，让天蓝地绿水清深入人心，让生态文明思想成为社会生活中的主流思想。

3. 以民为本，生态为民

以民为本是中华民族几千年来所秉持的重要政治思想。孟子的“民为贵，社稷次之，君为轻”（意思是，人民最重要，其次是国家，之后才是君主），荀子的“利足以生民”（意思是，收益要足够养活民众），《礼记·大学》中的“民之所好好之，民之所恶恶之”（意思是，老百姓所喜欢的就大力提倡、发扬，老百姓所厌恶的就予以抵制、杜绝）等，都是“以民为本”思想的体现。就生态环境而言，“以民为本”的思想体现为坚持以人民为中心，不断满足人民日益增长的对良好生态环境的需求，着力解决人民群众最关心的生态环境问题，让人民群众呼吸上新鲜的空气、喝上干净的水、吃上绿色的食物、生活在优美安全的自然环境中，从而提升人民群众的获得感、幸福感、安全感。

（二）现代生态文明思想

1. 人与自然和谐共生

人与自然相互依存，只有二者和谐相处，才能得到长久发展。长时间以来，人类在开发和利用自然资源时都是无序的，没有意识到与自然和谐相处的重要意义。例如，煤炭、石油资源是非常重要的能源，但开采这些资源会破坏土地资源，大量使用这些资源会对大气造成污染。高能耗的产业结构势必会使环境问题越来越严重，从而对地下水造成很大污染。水是生命之源，人类若没有了干净的水资源，也就无法生存。另外，海洋生态恶化、水土资源流失等问题也无时无刻不威胁着人类的生存。人类必须尊重自然、顺应自然、保护自然，因为人与自然是生命共同体。人类只有与自然和谐共处，遵循自然规律，才能防止被自然报复。

所谓尊重自然，就是要意识到自然运行是有规律可循的，人类在从自然中获取资源时，必须尊重这些规律，这些规律是无法改变的，人类不要试图去改变，而是要想办法加以利用，这样才能让自然更好地造福人类。比如海鲜味道鲜美，并且有丰富的营养价值，因此市场对其需求量是非常大的，于是，很多渔民便加大了捕捞力度，在过度捕捞的情况下，很多海域都出现了没有鱼可捞的情况。对此，我国制定了相关的政策以改善这种情况，海鱼产卵繁衍通常都在夏季，于是在夏季设置了休渔期，时间长达三个月以上，这样，就能让海鱼有时间去繁殖、生长。

要对大自然心存敬畏，要顺应自然，坚持自然恢复为主，减少人为扰动。在对大自然进行开发和利用的时候，一定要因地制宜。比如贵州地区能够发展农耕的土地非常少，大多为山地，但是景色优美、空气清新，当地可以好好利用这一优势发展旅游业，这样不仅能够对当地的环境起到保护作用，还会拉动当地经济的发展。

保护自然可以分成两个方面：一是不破坏，也就是不破坏自然资源；二是修护，就是对遭到破坏的自然进行修复。

2. 绿水青山就是金山银山

2019 年 4 月 28 日，习近平主席在 2019 年中国北京世界园艺博览会开幕式上说："绿水青山就是金山银山，改善生态环境就是发展生产力。良好生态本身蕴含着无穷的经济价值，能够源源不断创造综合效益，实现经济社会可持续发展。"绿水青山就是金山银山，这句富含哲理的话如今已广为人知、深入人心，更在生动实践中开花结果、惠及民生。"绿水青山"指的是生态环境，"金山银山"说的是经济发展。生态环境是人类生存发展的根基，保护好生态环境，走绿色发展之路，人类社会发展才能高效、永续。也就是说，新时代中国发展追求的是人与自然和谐共生。

"绿水青山"和"金山银山"，是对生态环境保护和经济发展的形象化表达。2013 年 9 月 7 日，习近平主席在纳扎尔巴耶夫大学回答学生问题时指出："我们既要绿水青山，也要金山银山。宁要绿水青山，不要金山银山，而且绿水青山就是金山银山。"保护生态环境就是保护生产力，改善生态环境就是发展生产力，努力实现发展和保护协同共生。经济发展不是对资源和生态环境的竭泽而渔，生态环境保护也不应是舍弃经济发展的缘木求鱼，而是要坚持在发展中保护、在保护中发展。

发展是硬道理，但绝不能不考虑或者很少考虑环境的承载能力，绝不能一味索取资源。我们种的"常青树"就是"摇钱树"，良好生态本身蕴含着无穷的经济价值，能够源源不断创造综合效益，实现经济社会可持续发展。

绿水青山既是自然财富、生态财富，又是社会财富、经济财富。"草木植成，国之富也。"巍巍高山、茫茫草原、茂密森林、碧海蓝天、洁净沙滩、湖泊湿地、冰天雪地等都是大自然的慷慨馈赠，也是人类永续发展的最大本钱。绿水青山还是更加基础性和本源性的财富，离开了绿水青山，人类社会的一切财富都将成为无源之水、无本之木。

3. 良好的生态环境是最普惠的民生福祉

生态环境没有替代品，用之不觉，失之难存。随着经济社会发展和人民生活水平不断提高，生态环境在人民生活幸福指数中的地位不断凸显，环境问题日益成为重要的民生问题。从提出"良好生态环境是最公平的公共产品，是最普惠的民生福祉"，到指出"发展经济是为了民生，保护生态环境同样也是为了民生"，再到强调"环境就是民生，青山就是美丽，蓝天也是幸福"，我国政府一直致力于人民群众感受最直接、要求最迫切的突出环境问题，使人民的幸福感、安全感得到提升，对于人民群众来说，这是最实际、最惠民的福祉。

良好生态环境是人和社会持续发展的基础。坚定信念、久久为功，要始终把生态文明建设作为事关人民群众切身利益的大事来谋划和推动，加快改善生态环境质量，动员全民参与生态文明建设，形成人人、事事、时时崇尚生态文明的社会氛围。

4. 山水林田湖草沙是生命共同体

田是人的命脉，水是田的命脉，山是水的命脉，土是山的命脉，树是土的命脉。这个由自然界中的各种事物组成的整体要遵循单个的生存法则，它们的存在与运行都要遵循自然规律，河流不只是简单的水体流域，所流经的山地、树木、田野等都是其中的一部分；森林主要由各种树木组成，在森林中生活着很多动物、微生物，它们和树木、土壤之间相互依存、相互制约，形成一个生态系统；湿地是积水的地块，在这些地块上长着很多植物，同时也生存着很多动物、微生物等，它们共同组成一个统一的整体。不管是什么生态群体，都不可能单独存在。

对于这样的相互影响和联系的生命共同体，要想对其进行很好的治理，就要运用系统的思维。像那种头疼了治头、脚疼了看脚的治理方式早应该舍弃，要建立完善且系统的治理制度和治理评价体制，进行有效的综合治理。要想整治荒漠化，除了要从尘土、沙漠入手以外，还要植树造林，避免风沙侵蚀。要想整治黄河，不但要控制其泥沙含量，改善水质，还要对沿岸的植被进行保护，对黄土高原的水土流失情况进行控制，对河床加以修护。也就是说，生态治理一定是系统性的，河道的上游治理好了势必会为下游带来好处，修复森林、草地对于荒漠化的治理也有着积极作用，退耕还林能够为动植物带来更好的生存空间。我们一定要意识到，生态文明建设是一项系统性工程，不可能一蹴而就，需要坚持走很长的一段路。

5. 共谋全球生态文明建设之路

人类只有一个地球，开展全球环境治理合作非常必要。开展环境治理合作的原因主要有以下几点：首先，世界上各个国家在经济发展上存在着很大的差异，不同的国家在对自然的治理能力上也存在着很大的差异，而且这一客观问题是长期存在的，无法在短时间内解决。全球环境治理涉及全人类的利益，因此更容易将每个地球人的治理积极性调动起来。其次，全球环境治理可以加强各国间的交流和联系，这对于国与国之间的交流和学习有着很好的促进作用。全球环境治理在治理范围上不会局限于一个国家，而是扩展到多个国家，使国家之间相互学习，共同发展和进步。

环境治理和每个人的利益息息相关，因此，共同的诉求也是合作治理的前提，必须为全人类的利益考虑，突破传统观念，树立整体意识。环境问题是由多种原因造成的，相关的人和事物都有涉及，因此集中考量是有一定难度的。环境问题产生的危害非常大，在时间上也是长期性的，如果不早日解决这些问题，以后想要消除这些危害的难度就会更大。因此，要想更好地治理环境问题，治理主体如各个主权国家、政府和非政府组织等都要转变观念，克服文化、意识形态等方面的差异，从宏观、长远的角度看待全球环境治理问题，达成良好的合作关系，共同为解决环境问题贡献自己的力量。除此之外，一些在环境治理上能力强、经验足的国家要主动为其他国家提供帮助或者指导，实现合作共赢。

二、大学生生态文明观现状

为了从整体上了解目前大学生生态文明观的情况，笔者通过向高校大学生发放调查问卷的方式对相关信息进行收集和整理。从问卷调查结果得知，如今的大学生正在慢慢转变对于生态文明的看法，很多大学生对于生态文明理念越来越重视，并且也在积极地参与相关的实践。这说明在各方的重视和努力下，我国大学生的生态文明观教育已经初见成效。

（一）大学生具备了基本的生态认知

在"对于'绿色食品''生态产业'等名词是否了解"的问题上，表示非常了解的大学生超过了总人数的 20%，表示"基本了解""简单了解"的大学生占比在 65% 以上，有 13.19% 的大学生表示不了解。同时，在对"您了解'绿水青山就是金山银山'的具体内涵吗?"这一问题的回答中，超过 80% 的大学生都对"两山论"有过一些了解，超过 25% 的大学生深入了解过，完全不了解的人少于 12%。另外，在"您知道党的哪次会议上明确提出建设生态文明吗?"这一问题的统计结果中，填写正确答案十八大的人数所占比例最大。这一调查结果表明，大部分大学生已经掌握了一些基本的生态知识，并且也都通过多种途径主动了解过相关知识。其中最主要的了解途径是网络媒介，通过这一途径的大学生高达 43.72%。之所以会出现这种情况，是因为如今网络技术发展迅速，通过网络途径更加方便且具有针对性。当然，电视新闻、纸质媒介、课堂教学也是非常重要的途径。在生态认知方面，大学生都已储备了一定的知识，说明我国在生态文明观教育上取得的成果是较为明显的，这也为大学生生态文明观的确立打下了很好的基础。

（二）大学生形成了初步的生态思维

生态思维是指用唯物辩证和生态哲学的思维方式来考虑人与自然的关系、经济发展与环境保护的关系，并且以人与自然的协调发展为价值取向的思维方式。在调查中，超过 80% 的大学生认为生态文明对我们的生活重要，认为不重要的占 5.98%，认为不太重要的占 12.59%。这表明越来越多的大学生树立了环保理念，认识到生态文明的重要性。当被问及"经济发展和生态保护哪个更重要"的时候，46.86% 的大学生认为生态保护更重要，39.56% 的大学生认为同样重要，只有 13.58% 的大学生认为经济发展更重要。从以上调查结果我们不难看出，大部分大学生已经具备了基本的生态思维，能够正确看待环境和经济间的关系，并且可以做出正确的价值判断，大家已经意识到要想发展经济必须以保护环境为前提。这说明生态文明观培育已经取得了一定成果，必须在此基础上对生态文明的价值进行更深一步的挖掘，使大学生的生态思维逐渐趋于完整。

（三）大学生参与了基础的生态实践

生态文明观体现在生活的方方面面，生态实践是践行生态文明观最基本的外在表现。近些年来，随着国家对生态建设的重视，大学生在学校教育和周围环境的影响下也开始关注生态建设，并积极参与生态实践。超过半数的大学生表示会积极响应国家号召，自觉落实垃圾分类投放，有 31% 的大学生是由于平时找不到分类垃圾桶而无法进行垃圾分类。在面对巨大的白色污染的情况下，我国早在 2007 年就出台了限塑令，十多年过去了，我国的白色垃圾数量有了明显减少，大学生在平时的生活中用实际行动支持限塑令的执行。超过 23% 的大学生去超市购物会自带购物袋，有 36% 的大学生只要想到就会自带，只有 12% 的大学生表示从来不会自带。另外，塑料吸管以其难以回收、回收价值极低的特性被列入“人类的终极浪费”。因此，虽然塑料吸管在众多的塑料制品中占比很小，单个体积很小，却仍然可能成为海洋生物的致命杀伤武器。一些食品公司正在积极研发可降解的吸管，广大的新时代大学生也表示会拒绝塑料吸管。

第二节　树立正确生态文明观

作为一种基础价值导向，生态文明观念在构建社会主义和谐社会中发挥着至关重要的作用。推进生态文明建设有助于唤醒人类的生态忧患意识，最大限度地节约资源并持续保护生态环境。作为享受社会建设成果的群体和未来的社会建设者，大学生在生态文明建设方面肩负着重大责任。在校期间，大学生应勤奋学习，主动树立正确的生态文明观念，成为合格的生态文明建设践行者、推广者和生力军。

一、树立生态伦理观

通常来说，生态伦理是人类在进行与自然生态有关的活动中所形成的伦理关系及调节原则。维护和促进生态系统的完整与稳定是人类应尽的义务，也是生态价值与生态伦理的核心内涵。从宏观层面来看，与人类未来的生存关系最为密切的是生态伦理。当今环境问题、生态问题的出现，迫使人们不得不重新思考与定位人与自然的关系，进行人与自然关系的理性思考。

（一）人类中心主义对生态环境的影响

1. 人类中心主义

人类中心主义在本质上是一种以人类的利益为出发点和归宿点，以人类的价值评判为标准，围绕人的需要处理人与自然关系问题的思想。大致经历了宇宙人类中心主义、神学人类中心主义、近代（传统、强式）人类中心主义、现代（弱式）人类中心主义四个阶段。

现代人类中心主义是在当代生态危机日趋严重的情况下，人类重新审视自身在宇宙中的地位、重新审视人与自然的关系的结果。现代人类中心主义抛弃了传统人类中心主义的不合理之处，如它的至上性、唯一性、排他性、短视性等局限，吸取了它的合理之处，如对人类利益的关心、对人类需要的维护、对人类价值的信仰、对人的伟大创造力的理解等，并增添了新的内容，如看到了人与自然的休戚相关性，教导人们用相对的、有条件的、可变的观点看待人与自然的关系，主张以尊重自然规律为基础来规范人类的实践行为和建构新的文明发展模式。

2. 非人类中心主义

与人类中心主义相反，非人类中心主义认为并非只有人类才具有内在价值，动物、植物甚至河流、岩石等都具有内在价值，它们都是道德共同体的组成部分和成员。非人类中心主义是在人类中心主义发挥到极致，导致日益严重的生态危机的基础上产生的。在价值层面上，非人类中心主义主张自然本身具有内在价值，认为自然界是一个动态系统，人类只不过是后来的加入者，自然的价值在人类存在以前就已存在，人对其具有客观义务；在意义层面上，非人类中心主义反对把人类作为解释中心，解释中心应为整个自然界，主张人与自然地位平等，对自然不应该进行人为干预；在利益层面上，非人类中心主义认为应当扩大利益主体范围，利益主体不仅包括人，而且包括动物、植物等，它们虽然有别于“人类主体”，但它们也应该像“人类主体”一样享有利益，必须把人类的道德关怀扩展到非人类领域。

（二）辩证分析人类中心主义

1. 近代（传统、强式）人类中心主义评析

近代人类中心主义具有一定的合理性，它使人类从自然、社会、自身的奴役和束缚中解放出来，确信人是自然界、社会、自己的主人，成为自然的、社会的、自己的控制者。近代人类中心主义的主客二分论，在弘扬人的客观能动性，发挥人的主动性和创造力方面功不可没，为人类创造了巨大财富，并使人类社会进入现代文明。

但近代人类中心主义的局限性是显著的。它只是群体中心主义或少数人中心主义，只考虑当代人的利益而不顾及后代和其他人的利益，否定“代际公平”。同时，它夸大了人的主体性与能动性，过分追求科学技术在征服改造自然方面的作用，忽视了科学技术在适应自然、协调与自然关系方面的作用，客观上助长了人类对自然不顾后果的掠夺和征服，导致环境、生态的恶化。

2. 现代（弱式）人类中心主义评析

现代人类中心主义强调把全人类的利益当作其行为的指针，强调整体的和长远的人类利益高于局部的和暂时的利益，将道德关心延伸到子孙后代，不仅考虑当代人的利益，而且考虑后代人的利益，使后代得以延续，后代人得以稳定、健康地生存和发展。

现代人类中心主义的动机带有功利性，在一定程度上是利己主义，保护环境资源是为了更好地利用，但这正符合了“物竞天择”的自然物种生存法则。任何物种只有适应环境

并在生存竞争中取胜才能存在下去，因而任何物种必须利己，人类也是一样，可以牺牲局部利益，但不可能为其他非人类的存在而否定自己的生存权利和根本利益。

3. 非人类中心主义评析

非人类中心主义为人类改造传统人类中心主义理念、构建新的合理的现代人类中心主义提供了借鉴，其中不少原则与人类中心主义的伦理原则具有相容性。它对人类中心主义的质疑有利于人类更好地认识到自己在宇宙中的地位，对于抑制人类的盲目自大、对自身理性的盲目夸大有一定的作用，有利于人类更好地处理和协调人与自然的关系，合理利用自然。

但是非人类中心主义不能科学理解和正确运用“人类中心主义”这一概念，而是根据主观需要进行随意裁量，比如任意改变概念的内涵，缩小概念的外延，把人类中心主义说成是“人类统治主义”，这是不公正的。它主张自然界的权利，没有考虑到自然存在物不具有权利、义务的意识，也不具有行使权利和履行义务的能力，因而不能成为“权利主体”，也不能成为道德主体，道德关系只能存在于人类之间。非人类中心主义将自然物上升为权利主体，强调人类应当“尊重”“敬畏”它们，并对它们承担责任，这是对道德关系的曲解。另外，非人类中心主义主张不要对自然过程进行人为干预，也是不合逻辑的。与自然界的其他物种一样，人类必须不断地与自然进行物质、能量、信息的交换，才能维持自己的生存，人类对自然界的干预本身就包含在自然界的进化之内，让人不要干预自然，实际上是抹杀了人的主体性、能动性，这是不现实的。

（三）当代生态伦理观的建构与实践

1. 走出人类中心主义

人类中心主义是导致全球问题的思想根源。走出人类中心主义认为，人类中心主义的实质是一切以人为中心或一切以人为尺度，自然界的价值要服从人的价值。人的主体性使人可以站在自然的对立面上征服、开发、利用自然，而人的物质欲望的无限性则是人毫无节制地肆意破坏自然的原因。因而，正确估量人的理性，尊重自然规律，走出以人类为唯一中心的人类中心主义思想是解决全球性问题的出路。

2. 走入人类中心主义

环境问题的出现恰恰是没有正确地理解、认识和运用人类中心主义的思想。正如美国植物学家默迪所说，蜘蛛是蜘蛛的中心，人理所当然以人为中心，每一种物种的存在都有自身的价值和目的。从生物学层面上看，人类不以自身为中心，人这个物种就将消亡，这是一个客观存在的不争的事实。从价值论层面上看，人是价值世界的中心，人类奋斗和争取的一切都是人的利益，所讨论的生态问题、环境问题，根本上、实质上也是为了维护人类整体、长远的利益。人类中心主义不等于人类沙文主义，不等于个人中心主义、群体中心主义，不能把生态危机归罪于人类中心主义本身，需要对环境问题负责的只是狭隘、片面、扭曲的人类中心主义。人类不是要走出而应走进真正的科学的人类中心主义。

3. 超越人类中心主义

此观点认为人类中心主义具有积极和消极的双重效应，要超越，但不可简单地加以否定，人们所要做的是反思、批判和超越传统的人类中心主义，实现人类中心主义从传统到现代的转变，使其更合理、更完善。要以人为中心，以人为本，正确认识和处理人与自然的辩证关系，构建人与自然关系的新模式。

二、坚守生态法治观

必须完善相关的生态法律，通过生态法律制度规定公民的生态环境权利与义务，明确与维护有利于生态环境保护的公民之间的各种利益关系，为生态保护和建设过程中引发的矛盾和纠纷提供解决途径。以培养和提高公众的生态法律意识为切入点，广泛传播生态知识、法律知识，使人们形成有关生态保护的价值观，认识人与自然之间的相互影响、相互作用、相互制约关系，形成人与自然协调和谐发展的生态价值观。

（一）完善立法

1. 把可持续发展作为环境保护立法基本准则

我国已经基本上形成了以《中华人民共和国宪法》为核心，以《中华人民共和国环境保护法》为基本法，以环境与资源保护的有关法律法规为主要内容的较为完备的环境与资源法的法律体系，且其中很多都体现了环境、经济、社会可持续发展和协调发展的原则。

2. 加大环境保护立法中环境资源保护的成分

现行的《中华人民共和国环境保护法》在立法体例上包括污染防治与自然资源保护两大方面的内容，但它并没有规定自然保护基本原则、基本制度和监督管理机制等，且法律的调整范畴基本上是以环境污染防治法为核心的法律体系，因而可以说它基本上是一部污染防治法。事实上，环境保护不仅包括对已有污染的治理，还包括对现有环境的保护。必须按照“预防为主，保护优先”的要求，坚持防治并重、建设与保护并举、城镇与农村并重、统筹兼顾综合决策的方针，以经济手段的法律化来管理自然资源，做到经济发展和自然资源开发保护同时进行。在可持续发展的战略目标下，必须强化环境资源保护在政府决策中的分量，增加环保投入，为环境资源计划管理提供现实办法。

3. 注重生态环境立法的现实性和可操作性

当前，我国有关生态环境的法律规定缺乏操作性的现象比较突出，一方面，一些法律规定过于原则、抽象，实践中难以把握；另一方面，立法中缺乏程序性规范。迄今为止，我国尚无一部统一的环保程序法，甚至连作为环境纠纷非诉讼处理重要方式之一的环境仲裁制度都无法可依，实践中根本无法操作。政府应及时补充相应的、完善的程序性规范，以确保实体性规范的实施。

（二）强化执法

1.“最严生态法治”庇佑生态文明

习近平总书记在党的二十大报告中全面系统总结了新时代十年生态文明建设取得的举

世瞩目重大成就、重大变革，深刻阐述了人与自然和谐共生是中国式现代化的重要特征，对推动绿色发展、促进人与自然和谐共生作出重大战略部署。党中央、国务院出台《关于加快推进生态文明建设的意见》和《生态文明体制改革总体方案》。用最严格制度最严密法治保护生态环境，生态文明制度体系更加健全。古人说："治乱还须重典。"意思是说违法现象严重之时，只有采取严厉的法律手段，才能拨乱反正，使社会乱象得到根治。要实行"最严生态法治"，就要建立起完善的责任追究制度，对那些危及生态环境、破坏森林资源，从而造成严重后果的责任人，必须追究其责任，而且应该终身追究，只有将违法分子绳之以法，才能体现法律的权威。法律应该是一道红线，任何人、任何组织都触碰不得，一旦以身试法，就要为之付出惨重代价。

2. 加大环境保护部门的监督执法力度

建立一套环境司法监督机制，进一步完善各级权力机关、行政机关、各政党、各人民团体以及广大人民群众对生态环境执法的监督，切实保障环境执法依法进行。

3. 加强执法资源整合

生态环境立法基本上是针对单项污染防治和单项资源要素保护进行的，若缺乏对污染的全面控制和资源整体保护，形成分部门多头管理的混乱局面，各部门之间协调执法将困难重重。例如，按照现行法律法规的规定，我国土地、农牧、矿产、林业、水利等由众多产业部门和行政区划管理。这些管理单元的第一职能是通过开发利用自然资源创造经济效益，而不是保护环境资源。从部门利益出发，本部门有利可图的，往往互相争夺；而无利可图的则往往无人愿意负责，互相扯皮、推诿，人为造成许多工作漏洞。环保部门"统一监督管理"的职能在很大程度上被肢解和架空。政府只有加强执法资源整合，积极推进自然资源领域综合改革，才能筑牢"自然资源"防线。

（三）普遍守法

如果没有普遍守法的意识，那么再完备的生态环境立法也是纸上谈兵。必须不断加强宣传教育，大力扩展群众的环境权，提高群众的环境守法意识。

所谓环境权，是指环境法律关系的主体享有适宜健康和良好生活环境，以及合理利用环境资源的基本权利。其内容包括生态性权利和经济性权利。前者体现为环境法律关系的主体对一定质量水平环境的享有并在其中生活、生存、繁衍，其可具体化为生命权、健康权、日照权、通风权、安宁权、清洁空气权、清洁水权、观赏权、环境美权等。后者则表现为环境法律关系的主体对环境资源的开发和利用，其可具体化为环境资源权、环境使用权、环境处理权等。此外，基于环境保护的需要，还包括环境知情权、环境监督权、环境事务参与权、环境结社权、环境改善权、环境请求权等程序上的环境权。环境权的内容十分抽象复杂，政府必须通过行政法、民法、经济法、刑法等部门实体法将其具体化才能切实予以保护。只有通过实体法中公民环境权的确立和程序法中类似"公民诉讼"制度的建立，才能有效地保护受害者的利益，并进而保护社会公众的利益以及保护包括受害者在内的公众的过去、现在和将来的环境权益，使人们将对切身利益的保护与改善同环境保护联系起来，增进对环境问题的理解、关注和行动，进而将环境守法内化为一种自觉。只有这样，我国生态环境的法治才能最终得以实现。

三、创新生态经济观

（一）生态与创新的关系

在经济领域，生态与创新的关系大致有四种类型，即非生态导向的非创新、生态导向的非创新、非生态导向的创新、生态导向的创新。由于生产力的严重不足，长期以来，中国的发展模式是非生态的非创新模式；发展模式基本上依赖于土地、劳动和资本等生产要素的投入，并且生产要素很大程度上又是依赖于自然资本的，因此它既不是创新的，也不是生态的。在今天的中国，社会经济发展面临的最大制约是自然资本的制约，因此真正需要的创新是生态可持续的创新。以生态为导向，实现经济的可持续创新，具体包括生态可持续的经济创新、社会创新和体制创新或者说治理创新。其中生态导向的经济创新主要是指发展循环经济。发展循环经济的目的，一是要替代以资源高消耗和污染高排放为特点的线性经济方式，实现“从摇篮到摇篮”的经济变革；二是要替代单纯地从末端治理的资源环境管理模式，实现全过程的资源节约和环境预防。循环经济的绩效判断需要考虑作为投入的自然消耗和作为产出的发展效果的比值。因此，生态导向的经济创新需要发展和传播资源生产率，例如，单位土地、单位能源或者单位排放的经济产出等，以推动经济过程的绿色转型。

（二）供给侧改革，创新激发生态经济活力

中央提出的“供给侧改革”实质是创新，其目的一方面是全力推进经济结构优化和转型升级，避免跌入“中等收入陷阱”；另一方面则是加大生态文明建设，实现经济、社会的可持续发展。

四、弘扬生态文化观

文化是一个民族对所处的自然环境和社会环境的适应性体系。各民族在适应、利用和改造环境及被环境改造的过程中，在与自然互动的过程中，积累和形成了自己的知识和经验，这些知识和经验就蕴含和表现在这个民族的宇宙观、生产方式、生活方式、社会组织、宗教信仰和风俗习惯中，即生态文化。

生态文化自古有之，当时由于人与生态的矛盾尚未突出，生态文化一直是融合于其他文化之中，未能成为一种独立的文化形态。工业文明所引发的生态危机，让人类对生态文化有了更多的关注与研究，从而促使生态文化得到了大发展，并作为现代文化的基础层，与其他文化共同构成现代文化体系。弘扬生态文化将助推人类文明向生态文明演进，生态文化将不可抗拒地成为可持续发展社会的主流文化。

（一）坚持思想引领，大力宣传习近平生态文明思想和习近平文化思想

深入宣传贯彻落实习近平生态文明思想和习近平文化思想，大力传播“绿水青山就是金山银山”的理念，增强全社会生态环境保护的思想自觉和行动自觉，让绿色低碳形成深刻的人文情怀，让人与自然和谐共生成为全社会的共同价值理念。

（二）坚持以文化人，促进生态文化繁荣发展

落实《关于促进新时代生态文学繁荣发展的指导意见》，深入生态文明建设实践一线，以优美的笔触描绘美丽中国建设新画卷，充分挖掘和弘扬中华民族尊重自然、顺应自然、保护自然的文化内涵，展现中华历史之美、山河之美、文化之美，以艺术作品陶冶情操、洗礼思想，以春风化雨的方式让生态文明理念进一步深入人心。

（三）坚持行为培养，让绿色生活方式蔚然成风

严格遵守《公民生态环境行为规范》，主动践行生态环境保护责任，让绿色出行、节水节电、“光盘行动”、垃圾分类等成为习惯。以环境日、全国低碳日、国际生物多样性日等重要时间节点为契机，广泛参与社会宣传活动，倡导简约适度、绿色低碳、文明健康的生活理念和消费方式，动员企业、社区、学校、家庭等社会各界积极行动起来，形成人人崇尚生态文明的社会氛围，为建设美丽中国贡献力量。

第六章　加强大学生生态文明教育

学习目标

知识目标

1. 了解教育及生态教育的概念。
2. 了解生态教育的意义和作用。
3. 了解我国生态文明教育的现状。

技能目标

1. 掌握促进大学生生态文明教育的方法和策略。
2. 注重在实践中提高自己的生态文明技能。

素质目标

1. 提升对大学生生态文明教育的认知。
2. 增强对生态文明知识的学习和研究意识，拓宽生态文明知识框架。

加强大学生生态文明教育，可以让大学生认识到自己在生态文明建设中的责任和义务，培养他们的道德责任感，使他们积极参与到生态文明建设中。此外，通过生态文明教育，可以促进人与人、人与自然的和谐共处，推动社会和谐发展。

第一节　教育与生态教育

一、教育与生态教育的概念

（一）教育的概念

教育是一个广泛使用的术语，其含义因不同的社会历史条件和文化背景而有所不同。一般来说，教育被视为一种社会活动，旨在丰富人们的知识、技能和价值观，从而影响他们的思想观念和行为方式。

从广义上来说，教育是指任何能够丰富人们的知识、技能和思想观念的活动，包括学校教育、家庭教育、社会教育、自我教育等方面。教育的目的在于提高人的素质，培养人的能力，使其更好地适应社会的发展和变化。

从狭义上来说，教育通常指学校教育，即教育者根据一定的社会要求和受教育者的发展需要，有目的、有计划、有组织地对受教育者施加身心影响，以培养一定社会需要的人的活动。学校教育是教育者与受教育者互动的过程，不仅包括知识的传授，还包括品德的养成、能力的培养等。

在教育学中，教育通常被定义为狭义的教育，即学校教育。学校教育的目的是培养德智体美劳全面发展的人，为社会的进步和发展做出贡献。

教育是现代文明的表现，它的水平等级直接反映一个国家的文明程度，人类的传承与发展离不开教育，生态文明理念的树立以及生态文明意识的形成也离不开教育。

（二）生态教育的概念

生态教育是以生态学为依据，传播生态知识和生态文化、提高人们的生态意识及生态素养、塑造生态文明的教育。生态教育有着极为丰富的内涵，涵盖各个教育层面，包括学校教育、社会教育、职业教育等，其教育对象包括全社会的决策者、管理者、企业家、科技工作者、工人、农民、军人、普通公民、大专院校和中小学校学生；教育方式包括课堂教育、实验证明、媒介宣传、野外体验、典型示范、公众参与等；教育内容包括生态理论、生态知识、生态技术、生态文化、生态健康、生态安全、生态价值、生态哲学、生态伦理、生态工艺、生态标识、生态美学、生态文明等。生态教育的行动主体包括政府、企事业单位、学校、家庭、宣传出版部门、群众团体等。通过生态教育，全社会可以形成一种新的生态自然观、生态世界观、生态伦理观、生态价值观、可持续发展观和生态文明观，实现人类、社会、自然的和谐发展，构建一个和谐的社会。

二、生态教育的意义和作用

（一）生态教育的意义

自 20 世纪中叶以来，第三次工业革命的发展和世界经济工业化、市场化进程的加快，造成了从局部到整体、从区域到全球的生态危机。现代生态危机突出地表现在：全球性的气候变化，臭氧层破坏，生物多样性锐减，土地退化和荒漠化，酸雨污染日趋严重，有毒化学品危害加剧，垃圾泛滥，栖息地被破坏导致的物种灭绝，水源短缺，生态灾难，等等。它是以大工业生产和市场经济为基础的现代历史的产物，是由于人类不合理的生产生活方式、对自然资源与环境破坏性开发和利用而产生的人类与自然关系恶化的结果。生态学研究认为，人类和其他生物一样，生活在特定的生态环境之中，地球生物圈就是人类赖以生存和繁衍的最基本、最重要的生态系统。人类在地球生态系统中扮演着双重角色：既是自然的组成部分，受到自然的制约，又是自然的主宰，对自然生态系统产生巨大的影响。人类虽然无时无刻不在改造和影响着地球的生态系统，但是却又不能脱离地球的生态系统。一旦地球的生态系统遭到严重破坏，以至于不能通过自我调节而修复，人类最终将像其他生物物种那样从地球上消失，陷入灭顶之灾。生态学家呼吁，地球的生态系统正在遭到空前的破坏，生态危机已经超越局部区域而具有全球的性质，危及全人类的生存和发展，对人类的生态教育迫在眉睫。生态意识的提高和生态文明的塑造，依赖于生态教育。随着人类对环境危机的认识加深，生态教育逐渐走出生态学专业的圈囿，置身公众舞台。人们越来越清醒地意识到，生态问题的背后所隐藏的是人的价值取向问题，生态教育不仅能使人们获得对生态系统知识的认知，而且具有突破“知识本位”，引导和帮助人们树立正确生态价值观和塑造美好的生态情感的功能。

党的十八大报告指出：“必须更加自觉地把全面协调可持续作为深入贯彻落实科学发展观的基本要求，全面落实经济建设、政治建设、文化建设、社会建设、生态文明建设五位一体总体布局，促进现代化建设各方面相协调，促进生产关系与生产力、上层建筑与经济基础相协调，不断开拓生产发展、生活富裕、生态良好的文明发展道路。”“五位一体”总布局不仅把生态文明建设提升到了与经济建设、政治建设、文化建设、社会建设一样的战略高度，还把生态文明纳入建设中国特色社会主义实现中华民族伟大复兴中国梦之中。教育在生态文明建设中的基础性功能可以概括为初级功能、中级功能和高级功能。初级功能主要是增强创新驱动力，加快经济增长方式的转变；中级功能注重意识、理念、观念的培育，它在增进人们关于生态文明建设复杂性的理解、引导人们树立正确的生态价值观、培育生态人格方面发力；高级功能则从整个社会的角度出发，促进社会公正，为生态文明建设创建良性的竞争机制、营造文化氛围，提升人们参与生态文明建设的自觉性。

（二）生态教育的作用

1. 生态意识唤醒的主推手

生态意识一般是指对生态环境及人与生态环境关系的感觉、思维、了解和关心，是一种包含人与自然环境共存、和谐发展的价值理念，是现代社会人类文明的重要标志。日益恶化的生态环境急切地呼唤人们生态意识的提高。

生态意识又包括生态危机意识、生态保护意识、生态文明意识。生态危机意识是当人们面对生物、森林、矿产、能源等资源日趋枯竭，面对大气、水体、土壤等人类生产与生活环境遭受严重污染而日益恶化时而产生的危机的感觉和思维；生态保护意识是当人们面对各种自然资源枯竭及大气、水体、土壤等遭受严重污染的环境时，力图制止污染行为、保护环境的感觉和思维；生态文明意识则不仅仅针对具体的生态资源以及环境污染问题，它指的是人们在对人与自然正确关系的认识基础上形成的更为理性的人与自然共存、共生的思想态度和价值观。在生态文明意识支配下，人们对生态危机的认识和生态环境的保护更为自觉。可以说，生态危机意识、生态保护意识是生态意识的初级阶段，而生态文明意识则是高级阶段的价值理念。

唤醒生态意识的方式很多，包括宣传、氛围影响、感染、参与、教育等，这些都是广义上的生态教育活动。总体而言，解决生态危机、解决生态问题、实现可持续发展等都需要生态教育。

解决生态危机需要生态教育。十七、十八世纪，全球的工业革命开启了人类历史崭新的篇章，工业革命的成果为经济的发展带来了巨大的推动力，同时也带来了生态危机，特别是到了二十世纪中叶，震惊全世界的八大公害事件让人们记忆犹新。这同时也开启了人们重新审视人与自然关系的序幕。每年的环境污染也造成了巨大的经济损失，对环境的破坏更是无法弥补、不可逆转。人们认识到，要解决生态危机，就要有针对性地从思想深处、从根本上知道生态危机的严重性，能够正确地处理人与自然的关系，认清人类自身的位置。而生态教育能在这些问题上发挥积极有效的作用，这是生态教育的责任和使命。生态教育的出现，就是要从根本上解决这些问题，从而解决生态危机，为建设生态文明创造良好的整体氛围。此时，生态教育要唤醒的是生态危机意识和生态保护意识。

生态问题的解决需要生态教育。生态问题可大体分为先天自然原因和后天人为原因两个方面。先天自然原因方面，如地理条件复杂、疆域辽阔等造成了地区之间生态的差异明显和一些先天性的生态问题。后天人为原因方面，如水土流失、土地荒漠化、大气环境恶化、生物物种锐减、资源过度开采利用、洪涝灾害、沙尘暴、酸雨、赤潮绿潮等。大部分的生态问题是由于后天生态观念缺失造成的。要顺利推进我国的生态文明建设，就必须要解决国内的生态问题，通过生态教育让广大公民认识到我国目前的生态环境形势，充分了解我国的生态环境状况，深刻地体会到生态问题的严重性和重要性。国家需要通过生态教育引导，促使公民端正自己的生态价值观念，促使企业端正发展和生产的理念。例如，通过生态教育，所有公民都深刻地了解生态相关的法律法规，对于自身的行为予以约束，对于他人的不当行为懂得怎样利用法律武器来使其付出应有的代价。

实现可持续发展需要生态教育。“可持续发展”一词最早出现在 1972 年瑞典斯德哥尔摩举行的联合国人类环境研讨会上。1987 年，由世界环境及发展委员会发表的布特兰报告书中给“可持续发展”赋予了明确的定义：可持续发展是既满足当代人的需求，又不对后代人满足其需求的能力构成危害的发展。作为生态文明的三个特征之一，可持续发展的模式是一种和谐、稳定、合乎发展规律的发展模式。可持续发展追求发展在生态环境与经济发展中的平衡，在经济增长的过程中要体现与生态环境的公平和统一，追求单位自然资源的高效率和利用率，在发展过程中严格计算和控制生态环境成本的消耗，不以牺牲子孙后代的生态换取今天的经济增长，而这些都是生态文明所倡导和体现的主要内容。所以实现可持续发展，不仅是发展的需要，还是生态文明的重要内涵。2002 年南非约翰内斯堡峰会首次明确了可持续发展的三大支柱：社会发展、经济发展和环境保护，并就人在可持续发展的三大支柱中的中心地位达成共识，在推行和推进可持续发展中，除体制上的转变和发展模式的转变之外，更大程度上是人类自身的转变。真正的可持续发展必须有相应的社会制度的保证，在这个保证的前提下开始经济发展，而生态的保护是重要前提。所以要通过开展生态教育来明确人作为可持续发展的中心，摆脱以往狭隘的不以生态保护为先的不科学思维模式。在转变人的观念和行为这个过程中发挥生态教育的优势，通过生态教育使人明确自己的角色和地位，从而更好地实现可持续发展。

2. 生态知识普及的主渠道

生态保护能力的提高需要人们对生态知识有一个基本的掌握，并在此基础上消化、整合、升华，促成生态理念和生态意识的形成。而这其中生态知识的普及和传播就显得尤为重要，这离不开生态教育，而且它应当以主渠道的方式进行。

生态知识普及是生态文明建设的重要渠道，如果没有生态知识的普及，生态文明建设将成为空谈。

生态知识普及

参观生态文明展馆

目前各教育单位肩负了主要的生态教育任务，这主要是由于国民素质存在差异，要开展统一的生态教育活动有一定的难度。但全民生态教育不应被忽视，可以以现有的学校教育为基点，开展全民生态教育活动，如课堂教育、实验证明、媒体宣传、野外体验、典型示范、公众参与等。

3. 生态保护能力提高的主途径

生态保护能力表现为在正确的生态价值观的支配下人民群众对环境保护、生态和谐的自觉行为。要建设生态文明，就要不断提高生态保护能力，生态教育是提高生态保护能力的主要途径。

生态教育提升生态保护能力表现为以下三个阶段：第一阶段是生态人格形成，这主要是意识唤醒阶段，形成基本的辨别生态是非的观念；第二阶段是生态价值观形成，即在个体生态人格形成过程中，认识人与自然的关系，树立正确的生态价值观，将个体行为统一于社会的生态行为当中；第三阶段是生态自觉阶段，生态人格形成以及正确的生态价值观的形成能有效地促成人们自觉的生态行为。

（1）生态人格形成。

生态人格对于提升生态能力乃至生态文明建设意义重大。生态人格不是与生俱来的，也不是自发形成的，它需要通过教育来教化和养成。即生态人格塑造的主途径就是生态教育。教育是一种有目的、有计划、有组织地培养人的活动。培养什么样的人，这既要考虑经济社会发展的现实需要，又要考虑时代发展的未来需求。人是文明的建设者也是文明的产物，每一种文明形态都会通过教化塑造出相应的人格模式以获得文明发展的主体条件。从建设生态文明社会、实现美丽中国的战略目标出发，教育应该把培育生态人格作为理想追求。生态人格是一种与生态文明社会相适应的人格范式，它是生态伦理和生态智慧在个体身上的凝聚和内化。具备生态人格倾向的人拥有科学认识自然的生态知识、感激和善待自然的生态情怀、顺应和保护自然的生态行为；具备生态人格倾向的人身心和谐，能够做到物质追求和精神追求的平衡统一；具备生态人格倾向的人拥有合理消费的生活方式，他们了解自己的真实需求，不会做出超越生态环境承载力的破坏性消费，也不会做出超越社会经济承载力的过度性消费，他们追求的是一种健康、适度、科学和绿色的消费方式。生活方式的转变是建设生态文明的要求和手段，而生态人格的涵养与培育则是生活方式转变的关键。

（2）生态价值观形成。

生态文明建设需要解决的核心问题就是思想观念，而教育在促进观念转变，帮助人们选择和树立正确的生态价值观方面具有得天独厚的优势。生态文明建设不是一次运动，也不是一项简单的任务，而是一场涉及思想观念和行为方式的深刻革命。教育具有循序渐进、润物细无声的特点，通过长时间的感染和言传身教，受教育者的思想观念也在慢慢地发生改变。

面对多元化的生态价值观，教育有责任向人们进行展现和说明，更有义务对其进行反思和澄清。为了提升生态文明建设的水平和质量，教育要引导人们树立一种符合时代要求的生态价值观。无论是人类中心主义生态价值观还是非人类中心主义生态价值观，一个共同的缺陷是没有把人和自然看作一种密切关联的统一整体，传统的二元对立思想仍然非常明显。基于此，共生生态价值观便成为一种顺应时代潮流的价值观。共生生态价值观认为，人与自然的关系不是简单地控制和改造，也不是一味地依附和屈从，而是一种平等互利的共生关系。人是生态系统中的有机组成部分，是自然的存在物。自然是客观的存在，有其存在的内在价值。人与自然是一个相互依存、彼此互利的生态整体。在共生生态价值观的指导下，生态文明建设便不是让人类向自然的原始生存状态复归，人类可以利用自然，前提是要尊重自然，要看到自然对人类生存的“环境价值”。生态文明建设不是将生态保护与人类的生存权利对立起来。生态文明建设不反对经济发展，也不排斥技术的进步和使用，而是坚持经济增长和技术进步要以促进人与自然的和谐共生为宗旨。只有坚持共生生态价值观，我们才能真正实现生产发展、生活富裕、生态良好的文明社会。教育要传播共生生态价值观的理念，要教会人们在生态文明建设中自觉地遵从共生生态价值观的要求。

（3）生态行为自觉。

生态文明是人类文明的发展方向，但生态文明并不会自发地显现，而是需要人们为之共同努力。生态文明建设需要政府的规划和引导，需要制度的约束和规范，但仅仅依靠自上而下的行政命令和强制性的外部干预是远远不够的，还应当建立在生态自觉基础之上。只有广大人民群众都认识到保护生态环境的重要意义，把保护环境变成人民群众的自觉行为，生态文明建设才会进入更高的层次。

除了强化政府责任和加强生态文明的制度建设之外，还需要加强生态文明的文化建设，营造一种有利于生态文明建设的文化氛围。受这种文化氛围的感染和熏陶，人们才会发自内心地尊重自然、保护自然，生态文明建设才会变成一种自觉行动，进而促成全民生态保护能力的提升。提升生态行为自觉的途径有宣传生态文明知识，总结和推广生态文明建设的先进事迹和典型经验，开展知识竞赛和演讲比赛等。

要正确区分生态行为和生态保护行为。生态行为是真正的生态自觉，它是建立在生态人格以及正确的生态价值观形成的基础之上的，这样的行为不仅注重生态保护，还关注生态和谐、可持续发展等问题，它对生态环境带来的是最真挚、最持久的和谐；而生态保护行为只简单地停留在保护上，可能由于相关机构的要求、社会舆论压力、同情心等而做出和自己真实意思并不相符的保护行为，如《中华人民共和国环境保护法》中的部分排污标准的规定，不达标的企业必须强制停产停业。企业停产停业看起来是一种生态保护行为，但却不是自觉行为。

要真正建设生态文明社会，我们需要的不仅仅是生态保护行为，更应该是基于每个社会人的生态自觉基础上的生态行为。

第二节　大学生与生态文明教育

一、生态文明教育的现状

（一）生态文明教育发展不协调、不平衡

随着 20 世纪 60 年代出现的全球性生态危机，“教育危机”的风暴席卷全球。菲利普·库姆斯（Philip H. Coombs）在其代表作《世界教育危机——系统分析》中指出：教育体制与周围环境之间的各种形式的不平衡正是这场世界性教育危机的实质所在。教育的不平衡主要表现为：日益过时的陈旧课程内容与知识增长及学生现实学习需求之间的不平衡；教育与社会发展需要之间的不相适应。对于生态危机和教育危机的关注迫使人类重新审视自身与自然之间的关系，重新审视人类自身原有的思维方式、发展模式、道德观及发展观。当生态问题逐渐成为一个敏感而重要的并与教育密切相关的生态伦理道德问题时，生态文明教育及其平衡发展的问题随之产生。

生态文明教育的情况也类似城乡不协调、东西部发展不平衡的情况。从东西部比较来看，全国高校数量较多的省份都是在中东部地区，可以说西部地区现阶段学校的数量和国家财政的支持以及社会力量的支持还无法与东部地区相比。从城乡比较来看，全国各高等院校基本坐落在城市，农村无法利用高校地缘优势提高其自身竞争力。

城市和农村是社会经济发展形成的两种地域经济综合体。由于所处环境不同，人类利用自然方式不同，人类行为对城市环境和农村环境造成的破坏也不同。城市应该以面临的环境问题作为生态教育的生动教科书，充分利用城市“信息中枢”的优势，开展生态教育活动。农村，特别是中西部农村经济条件差，科学技术、信息落后，生存环境较为恶劣。在农村地区进行生态教育，应该结合当地情况，把生态学知识与农民的生产生活结合起来，利用自然界的有关规律和新兴科学技术为农民增收、农村致富和农业发展贡献力量，通过

“三农”问题的改善和解决带动农村地区生态文明教育活动的全面开展。

（二）生态文明教育内容模糊

生态文明教育不能流于形式，停留于搞搞活动、打打横幅等，而应向更深处、更全面的学校教育发展，应从实际出发，大胆创新教育内容。从国际生态文明教育发展的经验来看，生态文明教育作为一种跨学科的整体教育，它是教育全面生态化的过程，其内容渗透在生态学、地理学、社会学、政治学等多种学科中。一般来讲，生态文明教育也不应当只停留在“意识唤醒”阶段，而应该有更系统化的内容。它通常以基础性、本土性、综合性、实用性等知识为主要内容。

1. 基础性内容：生态学、地理学、环境科学等基本知识

（1）生态学知识。生态学知识为人们认识和理解自然系统提供了条件，是生态教育的最基本环节。首先是对“存在物”的基本认知。存在物有三种不同的层次：物理的、生物的和社会的，每个层次遵循着较低层次的规律和自身的规律。其次是对“循环”的认知。物质不能被创造或毁灭，物质经历了不断的转变但仍然存在，生命所需要的物质必须经历生物地理化学的循环过程，这些循环过程结合在一起形成了复杂的控制机制。再次是对“系统”的认知。世界是一个系统，每个事物都和其他的事物相联系，系统大于其部分的总和，系统的多样性增加了系统的可复原性等。

（2）地理学知识。地理学知识可以使人们更好地理解人类社会与自然环境的关系。一是地球自身运动的基本知识，包括地球的起源、地质年代、基本构造、发展过程、地质学变化等；二是地球表层的土壤环境、水环境、生物环境、大气环境等基本状况和存在问题等；三是地球上各种自然资源的分布情况以及人类对它们的使用情况、能源的种类、能源与环境、能源的确保等。

（3）环境科学知识。环境科学知识可以使人们更为充分地认识自身所处的环境及面临的问题，是生态文明教育的核心内容。首先，人类生存需要社会环境和自然环境，社会环境是各种社会因素的总和，自然环境是自然因素的总和，主要包括大气圈、水圈、岩石圈、生物圈等；其次，所有的环境现象都遵循着相同的、根本的物理学规律；再次，环境问题的主要原因是人类不合理地开发利用自然资源造成环境破坏及生态失衡；最后，环境污染具有广泛性、多样性和复杂性，治理难度很大。

总之，生态文明教育应通过对生态学、地理学和环境科学基础知识的介绍，使受教育者意识到生态环境的各组成要素之间、生态系统与人类社会之间存在着紧密的相互影响、相互依存的关系，形成对环境问题的基本认知，培养基本的生态环境素养。

2. 本土性内容：国情、历史与现实、人文与自然等基本知识

生态环境问题具有全球同质性，但又具有极大的地区差异性，因此，生态教育的内容在传授生态环境基本知识和根本规律的基础上，还必须结合各国各地的具体情况，突出其本土性特色。我国生态教育的本土性内容主要包括国情教育、历史与现实的教育以及人文与自然的教育等。

（1）国情教育。我国是世界上人口最多的国家，人口众多与资源的相对短缺是我国社会发展、生态环境保护的突出难题。人口众多、资源相对不足、环境承载能力较弱，是中国的基本国情。生态教育要突出这一基本国情，使受教育者深刻理解我国建设资源节约型社会的必要性。

（2）历史与现实的教育。中国是世界上唯一一个拥有五千年不间断文明的国家。我们的祖先世世代代在这片土地上生存，积累了丰富的生态经验，需要我们认真筛选，继承生态历史遗产。生态教育中应该包含以下基本内容：哲学层面的有机论思维方式、生态方面对农时的科学认识、制度层面的设置专职资源管理的机构和成员、经济层面的有机农业模式等。在继承生态历史遗产的同时，我们还必须加强当今中国生态现状的教育。生态教育应突出我国当前的生态困境，使受教育者了解我国生态问题的复杂性和严峻性，增强生态环境的责任感和危机感。

（3）人文与自然的教育。不同地域自然条件的差异造就了各地独特的文化形态。在绵延的历史长河中，不同地区的人们在理解自然的基础上发展起与之相适应的地域文化，形成了人文与自然交相辉映、自然与人文和谐共生的传统。然而，现代社会出现了人文与自然的疏离，导致了人类对自然的漠视与破坏。因此，重塑人文与自然的融合是生态教育的时代使命。一是重视对本地区独有的原生文化的发掘，整理出本土文化中蕴含的对自然尊重和保护的智慧，理解文化中包含的与自然和谐共生的理念；二是珍惜当地的自然景观，发掘本土自然的独立价值和精神价值，发挥它独有的文化符号和历史传承意义。应坚持文化传承与生态保护的统一。

总之，立足本地生态现状，是培养生态审美、萌发生态情感、促成生态参与的基本途径，所以，我国生态教育中对于本土性内容应给予重视和不断加强。

3. 综合性内容：可持续发展观、科学发展观、社会主义生态文明观等基本知识

生态问题不但涉及人与自然的关系，而且必然涉及社会的发展理念、组织形态、制度安排等，是一个综合性的系统问题。生态教育的内容除具有基础性、本土性的特点外，还具有很强的综合性。生态教育必须包含生态与社会、生态与发展等新思想、新观点和新知识等。

（1）可持续发展观。可持续发展教育是生态教育的核心内容。可持续发展教育强调生态环境的承载力取决于自然生态系统的自我恢复潜能和地球资源的再生潜能，人类在发展的过程中应该减少乃至避免对环境造成破坏；强调人类在精神和物质方面的协调发展，要求不同国家和地区在资源利用和环境管理上加强交流、理解与合作，在满足当代人需求的同时保护好后代人生存所需的资源与环境。

（2）科学发展观。科学发展观强调在全社会大力普及以人为本，全面、协调、可持续发展的观念，使广大干部群众牢固树立正确的生产观和生活观，树立节约资源的意识、保护环境的意识、保护生物多样性的意识。这些科学发展观的相关教育在很大程度上增强了公民的生态意识和环境意识，在全社会巩固了可持续发展的理念，促进了社会发展模式的转型和经济发展方式的转变。

（3）社会主义生态文明观。生态文明观是对我国当前正在进行的生态文明的总体认识，应该成为我国生态教育的重要组成部分。生态文明是我国在总结社会主义现代化建设经验、概括社会主义现代化建设规律的基础上提出的新思想。它的科学内涵是人化自然和人工自然的积极进步成果的总和，它的系统构成包括生态化的自然物质因素、经济物质因素、社会生活因素、科学技术因素和人的发展方向等众多方面，它的实质要求是以资源环境承载力为基础、以自然规律为准则、以可持续发展为目标的资源节约型、环境友好型社会。

4. 实用性内容：方法、素质和能力等基本知识

生态问题千变万化，而且每个生态问题的解决办法都不是一成不变的，所以，应当培养人们解决实际生态问题的能力。具体包括以下几个方面的内容。

（1）识别和分析生态问题的能力。生态教育应分门别类地向人们介绍当前主要的区域性和全球性生态环境问题，引导人们在实践中识别这些生态环境问题，并运用观察、记录、调查等方法获得第一手资料以及运用讨论、交流等方法获得第二手资料，进而对特定的生态环境问题展开具体分析。

（2）提出和确定最有效解决方法的能力。生态教育应该让人们理解不同的生态问题解决方法会带来不同的后果，培养人们以生态学原则和系统性方法解决生态问题的基本能力。在面对具体的生态问题时，综合考虑与社会、经济、政治、法律和生态后果相关的解决方法，最终确定最有效的解决方法，制定并采取有效行动。生态教育以培养“生态积极公民”为目的，通过广泛的群众参与和社会监督，最终实现经济社会的生态化发展。为此，生态教育必须注重培养人们所需的各种政治技能、参与制定生态环境决策并将环境策略应用于具体问题的能力等。

上述内容从基础性、本土性、综合性与实用性等多种维度构成了生态教育的立体网状内容，为人们生态素养的提高提供了知识和方法的保障，这也应当是我国生态教育内容明晰化、体系化的目标。

（三）生态文明教育模式较为陈旧

当前，生态文明教育模式主要分两种。

第一种是人类中心模式。即人处于自然的中心。人类中心模式限制了创造性，使生态学概念的运用变得狭隘。

第二种是生态中心模式。生态中心模式揭示了自然价值的完整性、伦理性和确定性，不仅为建立新的生态伦理学提供依据，也为把道德观点带入所研究问题的目的、任务、内容和方法创造了有利的条件。其表现如下：一是生态的合理性，反对人与自然脱离；二是把享有充分权利的主体与相互作用的自然客体理解为伙伴；三是强调自然相互作用的实用性与非实用性平衡，教育的目标和任务是优化“人—自然—社会”的关系。

对两种模式的比较如下：第一，人类中心模式将人及其各种物质和精神需要置于中心地位，认为地球是人类存在的自然环境；生态中心模式承认所有生物的存在具有相等的生态价值，认为地球是所有生物赖以生存的共同家园。第二，人类中心模式论证了利用和保护周围环境的管理特点，认为技术和管理决策的采用能够充分地解决生态问题，认为当今市场和政治体制的调整对于解决现存的和禁止新的生态危机产生的问题已足够，经济发展也缓和了生态危机；生态中心模式将周围环境作为自然和历史文化的体系来理解生态观点，宣传生态学上可接受的技术，认为周围环境稳固发展的唯一问题就是优质的发展先于数量的增长。第三，人类中心模式在论证教育内容、形式和方法上具有一致性、不完整性和鼓励性，在分析教学形式和教学方法上有一定的片面性和离散性；生态中心模式在论证教育内容、形式和方法上具有多样性和灵活性，在分析教学形式和方法上具有系统性和连续性，在整体上具有促进互相援助和合作的作用。第四，人类中心模式在分析所确立原则和命令上具有超依附性，阻碍自我引导、自我发展、自我控制和其他保持独立个性的因素的形成，将自然环境的弱点和不足引入其中，在环境的保护和发展上易造成狭隘的实用主义哲学视角；生态中心模式在分析所确立原则和命令以外具有独立性，能促进自我引导、自我发展、自我控制和其他独立个性因素的形成，可以保证自然环境的稳定和稳健的发展，在环境的保护和发展问题上形成了宽泛的伦理性和方向性观点。

从上述人类中心模式和生态中心模式在教学方面的关系对比中，我们可以看出生态中心模式以人的全面发展为目的，以教育理论的发展为依据，它不仅要求对全社会进行环境保护的教育，更要从根本上革新人们的思想观念，树立生态整体观、和谐观；而人类中心模式则适用于传统的教学，在现在看来有一定的狭隘性和局限性。

生态教育模式不同于教学模式，即不套用某种固定的教育模式，而是灵活处理，只要让人们的行为方式符合生态要求的教育活动都可以纳入生态教育模式中来。所以，我们可以这样界定生态教育模式，即以生态领域的生态文化、生态保护为目的，人们主动地、积极地获得生态知识的教育方法、模式。

二、促进大学生生态文明教育

在生态文明建设过程中，国家必须通过全民生态文明教育改变人们对自然的认识、态度和行为方式，而高校生态文明教育是全民生态文明教育的关键环节。当代大学生是未来我国社会主义建设的中坚力量，通过高校生态文明教育，能够牢固树立大学生的生态文明意识，为有效推动生态文明建设与经济建设、政治建设、文化建设、社会建设的有机融合培养和输送人才。为此，促进大学生生态文明教育的方式有以下几种。

（一）推进高校生态文明科学教育，提高大学生的生态文明科学素养

生态文明建设以生态学、环境学、地理学等学科的科学知识为依托，这些学科的知识体系博大精深。在有限的课时里，高校生态文明科学教育不必追求广博、精深，而应以通俗易懂的方式系统阐述与生态文明建设相关的科学理论和技术方法。例如生态系统平衡理论、污染物扩散规律、工程项目环境影响评价方法、退化生态系统修复技术等。

（二）实施高校生态文明情感教育，唤醒大学生建设生态文明的责任感

可以用图片、视频等多媒体素材展示生态环境危机及其带给人类和其他生命的苦难，激起学生的忧虑之情，让他们意识到建设生态文明的必要性和紧迫感；还可以展示国内外生态文明建设的先进成果、人地和谐的景象，唤起学生对“美丽中国”的热爱、向往之情，调动参与生态文明建设的热情。

（三）加强高校生态文明道德教育，培养大学生的环境保护公德和环境伦理观念

让大学生树立“像保护眼睛一样保护自然和生态环境”“地球是人类的母亲”等环境保护公德，透彻理解、牢固把握“人类是大自然的成员而非统治者”“人类应尊重和维护大自然的和谐稳定”等环境伦理基本准则。

（四）扩展高校生态文明法治教育

我国是生态环境立法较多的国家之一。大学生不仅要牢记党和政府建设生态文明的大政方针，也要熟悉生态环境保护相关法律法规体系。受生态文明教育课时限制，大学生无法掌握我国所有环境保护法规的所有条款，但应熟知重要法规的立法目标、内容体系和保护对象，应知晓各种常见的环境违法行为及其处罚标准。

（五）开展高校生态文明行为养成教育，把大学生的生态文明意识外化于行

建议各高校以推行文明校园建设为契机，努力把高校建成绿色、和谐、美丽的生态文明示范基地。不仅要绿化美化校园环境，更要以激励和约束相结合，在高校师生员工中开展全员、全方位、全过程、全天候的校园生态文明建设实践，同时鼓励、支持、引领在校大学生参加生态文明建设校外实践活动。

除了上述的几种方式，还有以下一些具体的策略和方法，可以促进大学生生态文明教育：

（1）增加生态文明教育课程：在大学课程中增加生态文明教育相关课程，让学生在学习中了解生态系统的运行机制、环境保护的重要性以及可持续发展的理念。

（2）坚持实践与理论相结合：除了课堂理论教学外，组织学生参与实地考察和实践活动，例如野外实习、环保项目等，让学生亲身体验生态环境的现状，增强生态意识。

大学生生态文明教育课程

（3）举办生态主题活动：举办各种生态主题活动，如讲座、研讨会、环保知识竞赛等，提高学生的生态环保意识和参与度。

（4）利用新媒体宣传：利用校园媒体，

如校园广播、公众号、网站等，定期发布与生态文明相关的内容，让学生在学习和生活中不断接触生态文明理念。

（5）加强师资培训：对教师进行生态文明教育培训，提高教师的生态素养和教学能力，从而更好地引导学生。

（6）与企业合作：与环保企业或组织合作，为学生提供实习机会或开展合作项目，让学生在实际工作中加深对生态文明的理解。

新生入学教育之生态文明第一课

（7）建立评价体系：制定生态文明教育的评价体系，对学生的生态文明知识、态度和行为进行评价，及时发现问题并改进教育策略。

（8）鼓励创新研究：鼓励学生开展与生态文明相关的研究，挖掘学生的创新潜力，为生态文明建设提供新的思路和方法。

（9）引导校园文化建设：将生态文明理念融入校园文化建设中，通过学校的各项活动和宣传，营造良好的生态氛围，潜移默化地影响学生的观念。

（10）家庭教育配合：鼓励家长参与生态文明教育，家庭和学校共同引导，形成教育合力。

通过以上策略和方法，可以有效促进大学生生态文明教育，培养具有生态素养的新时代人才。这不仅有助于保护环境，也有利于推动社会的可持续发展。

第七章　探寻大学生生态文明教育的多样途径

学习目标

知识目标

1. 了解生态文明建设的相关理论知识。
2. 了解“五位一体”理论。
3. 理解“青山绿水”的内涵。
4. 掌握生态环保和绿色低碳的内涵。

技能目标

1. 理解并掌握生态文明建设的方式。
2. 在实践中体验、践行“五位一体”，提高相关技能。
3. 在实践中体验、践行“青山绿水”工程，提高相关技能。
4. 在实践中体验、践行生态环保和绿色低碳生活方式，提高技能。

素质目标

1. 提升对大学生生态文明教育途径的认知，在实践中开拓多样化的途径。
2. 在对大学生生态文明教育有一定了解的基础上，能总结自己的学习心得，提高自己的认识。

大学生生态文明教育是高校教育的重要组成部分，生态文明教育不仅涉及生态知识的传授，还包括环保技能的培养、生态情感的培养等方面。高校作为人才培养的重要基地，应当承担起生态文明建设的责任。通过开展生态文明教育，高校可以培养出更多具备生态文明意识的人才，为推动社会的可持续发展做出贡献。

第一节　认识生态文明建设

一、生态文明建设的理念

中国共产党十八届五中全会首次将“生态文明建设”作为引领经济发展的重大战略举措，强调坚持可持续发展，坚定走生产发展、生活富裕、生态良好的文明发展道路，加快建设资源节约型、环境友好型社会，形成人与自然和谐发展的现代化建设新格局，推进美丽中国建设，把生态文明建设融入经济建设、政治建设、文化建设、社会建设的各方面和全过程。

推进生态文明建设意义重大，影响深远。然而，建设生态文明是一个长期的、系统的历史过程，不是一蹴而就的，必须有步骤、有方法、有路径。就如构思一篇美文，立意是灵魂一样，推进生态文明建设，也必须首先立好意，这个意就是理念。理念先行，用正确的理念引领生态文明建设就能够取得事半功倍的效果；理念先行，就是要践行生态发展观、培育生态文化观、加强生态文明教育，将生态文明理念内化于生态文明建设活动之中，成为生态文明建设的理论指导和实践指南。

（一）践行生态发展观

生态发展理念强调发展生态优先，并且把生态发展的观点作为评价人类经济活动，制定经济政策和经济发展战略的原则。生态发展的观点是针对传统经济发展以持续增长为唯一目标及其严重后果而提出来的，它认为经济发展与生态环境不应当相互分离，而应当相互统一并密切地交织在一起，经济发展不应当损害基本生态过程，要在经济发展的同时注意建设环境和保护环境，即经济与生态全面发展的观点。只有这样，经济发展才能既满足人的基本需要，又不危害环境，保证当代人和子孙后代的利益。生态发展理念内含了既满足当代人的需要，又不对后代人满足其需要的能力构成危害的可持续发展理念；强调生态系统的健康和完整情况的生态安全理念；最大限度地发挥科学技术的正效应，减少甚至最大限度抑制其负效应的绿色科技理念。

1. 可持续发展观

1987 年，世界环境与发展委员会发表了报告《我们共同的未来》，其中对可持续发展给出了定义："能满足当代人的需要，又不对后代人满足其需要的能力构成危害的发展。" 1988 年春，在联合国开发计划署理事会全体委员会的磋商会议期间，围绕可持续发展的含义，发达国家和发展中国家展开了激烈争论，最后磋商达成一个协议，即请联合国环境规划署理事会讨论并对"可持续发展"一词的含义草拟出可以为大家所接受的说明。1989 年 5 月，联合国环境规划署第 15 届理事会通过了《关于可持续发展的声明》。2015 年 9 月，联合国 193 个会员国在首脑会议上一致通过了《2030 年可持续发展议程》。新议程呼吁各国采取行动，为今后 15 年实现 17 项可持续发展目标而努力。这些目标述及发达国家和发展中国家人民的需求并强调不会落下任何一个人。时任联合国秘书长潘基文指出：这 17 项可持续发展目标是人类的共同愿景，也是世界各国领导人与各国人民之间达成的社会契约。它们既是一份造福人类和地球的行动清单，也是谋求取得成功的一幅蓝图。

可持续发展是指经济、社会、资源和环境保护协调发展，这是一个密不可分的系统，既要达到发展经济的目的，又要保护好人类赖以生存的大气、淡水、海洋、土地和森林等自然资源和环境，使子孙后代能够永续发展和安居乐业。可持续发展与环境保护既有联系又不等同。环境保护是可持续发展的重要方面。可持续发展的核心是发展，但要求在严格控制人口、提高人口素质和保护环境、资源永续利用的前提下进行经济和社会的发展。

可持续发展追求整体协调，共同发展，其基本特征就是经济可持续发展、生态可持续发展和社会可持续发展。首先，可持续发展鼓励经济增长，强调经济增长的必要性，必须通过经济增长提高当代人福利水平，增强国家实力和社会财富。但可持续发展不仅要重视经济增长的数量，更要追求经济增长的质量。其次，可持续发展的标志是资源的永续利用和良好的生态环境，经济和社会发展不能超越资源和环境的承载能力。要实现可持续发展，必须使可再生资源的消耗速率低于资源的再生速率，使不可再生资源的利用能够得到替代资源的补充。最后，可持续发展的目标是谋求社会的全面进步。可持续发展观认为，发展的本质应当包括改善人类生活质量，提高人类健康水平，创造一个保障人们平等、自由、受教育和免受暴力的社会环境。在人类可持续发展系统中，经济发展是基础，自然生态保护是条件，社会进步才是目的。

2. 生态安全观

生态安全是指生态系统的完整性和健康的整体水平，尤其是指生存与发展的不良风险最小以及不受威胁的状态，是人类在生产、生活和健康等方面不受生态破坏与环境污染等影响的保障程度，包括饮用水与食物安全、空气质量与绿色环境等基本要素。健康的生态系统是稳定的和可持续的，在时间上能够维持它的组织结构和自治。反之，不健康的生态系统是功能不完全或不正常的生态系统，其安全状况则处于受威胁之中。从广义上来说，生态安全还有两方面的意义：一是防止由于生态环境的退化对经济发展的环境基础构成威胁，即因为环境质量状况低劣和自然资源的减少与退化削弱了经济可持续发展的环境支撑能力；二是防止由于环境破坏和自然资源短缺引起经济的衰退，影响人们的生活条件，特别是环境难民的大量产生，从而导致国家的动荡等。安全的生态系统应该包括自然生态系统、人工生态系统和自然人工复合生态系统。根据范围大小，也可分成全球生态系统、区域生态系统和微观生态系统等若干层次。从生态学观点出发，一个安全的生态系统在一定的时间尺度内能够维持它的组织结构，也能够维持对破坏的恢复能力，即它不仅能够满足人类发展对资源环境的需求，而且在生态意义上也是健康的。其本质是要求自然资源在人口、社会经济和生态环境三个约束条件下稳定、协调、有序和永续利用。随着人口的增长和社会经济的发展，人类活动对环境的压力不断增大，人地矛盾加剧。尽管世界各国在生态环境、生态安全战略建设上已取得不小成就，但并未能从根本上扭转环境逆向演化的趋势；由环境退化和生态破坏所引发的环境灾害和生态灾难没有得到减缓，全球变暖、海平面上升、臭氧层空洞的出现与迅速扩大及生物多样性的锐减等全球性的关系人类本身安全的生态问题，一次次向人类敲响警钟。生态安全与国防安全、经济安全、金融安全等已具有同等重要的战略地位，并构成国家安全、区域安全的重要内容。保持全球及区域性的生态安全、环境安全和经济的可持续发展等已成为国际社会和人类的普遍共识。

生态安全具有整体性、不可逆性、长期性的特点，其内涵十分丰富。首先，生态安全是人类生存环境或人类生态条件的一种状态。或者更确切地说，是一种必备的生态条件和生态状态。也就是说，生态安全是人与环境关系过程中，生态系统满足人类生存与发展的必备条件。其次，生态安全是一个相对的概念。没有绝对的安全，只有相对的安全。生态安全由众多因素构成，其对人类生存和发展的满足程度各不相同。若用生态安全系数来表征生态安全满足程度，则各地生态安全的保证程度可以不同。因此，生态安全可以通过反映生态因子及其综合体系质量的评价指标进行定量评价。再次，生态安全强调以人为本。是否安全的标准是以人类所要求的生态因子的质量来衡量的，影响生态安全的因素很多，但只要其中一个或几个因子不能满足人类正常生存与发展的需求，生态安全就是不及格的。也就是说，生态安全具有生态因子一票否决的性质。最后，生态安全是可以调控的。不安全的状态、区域，人类可以通过整治，采取措施，加以减轻，解除环境灾难，变不安全因素为安全因素。

3. 绿色科技观

绿色科技涉及能源节约、环境保护以及其他绿色能源等领域。高效、节约、环保的绿色科技产业是拉动整个世界经济最大的动力引擎。绿色科技是发展绿色经济，进一步开展环境保护和生态建设的重要技术保证。

绿色科技主要关注科技产品的设计及生产是否对环境、生态和人类健康构成危害。过去，科学家几乎不考虑这些问题，只考虑社会的需要。1941 年，当科学家研制出高效和廉价的杀虫剂 DDT 时，人们拍手称快，因为它解决了农作物的虫害问题。然而，随着时间的推移，人们发现，DDT 通过食物链最终会影响人类健康，各国政府又不得不禁止 DDT 的使用。社会发展表明，人类在享受科技带来的物质文明的同时，也承受着传统科技发展所带来的环境污染、生态破坏等恶果，承受着化学物质的毒性、致癌性和生物聚集作用对人类健康的危害。绿色科技革命是对近百年来传统的科技所开创的传统的工业体系和物质产品进行全面的评价和反思的产物，其站在环境、生态和人类健康的角度审视科技和科技产品所带来的社会后果。

今天，科学家已经把“绿色的理念”渗透到科学研究、技术开发、产品设计过程之中。从整体上看，绿色科技发展有如下特点：首先，绿色化学是绿色科技发展的前沿。化学和化学工业是对环境、生态和人类健康构成危害的直接原因。化学家把无污染、无公害、无毒性、环保型的化学生产技术纳入自己的研究范围，多层面、多角度、全方位地推进化学工业的“绿色化”。其次，环境洁净技术和友好技术是绿色科技的重点。环境洁净技术是指绿色科技洁净能源的技术开发和能源的洁净技术。环境友好技术是指环境无害标准优先于经济效益标准的技术研发。最后，绿色政策和绿色市场牵动绿色科技的发展。所谓“绿色政策”，是指各国以可持续发展理念为核心制定的与环境保护相关的法律法规、政策和标准等。随着公众科技素质和环保意识的不断增强，绿色概念开始深入人心，绿色新产品受到关注。如绿色食品、绿色建筑、绿色材料、绿色能源、绿色包装、绿色服务甚至出现了绿色冰箱、绿色电视、绿色计算机、绿色汽车，正是这些绿色需求和绿色消费开创了一个巨大的绿色市场。全球以绿色科技所支撑的绿色市场规模在 21 世纪的最初 20 年达到上万亿美元，仅次于信息技术产业。

绿色科技理念负载的是一种新型的人与自然关系，强调防止、治理环境污染，维护自然生态平衡。人是生物圈的构成要素，人与自然之间存在结果不对称的互动关系。在现代，随着环境污染和生态恶化，无论人的作用多么大，人对自然的影响只是改变自然的具体演化方式，不可能毁灭自然，更不可能消除自然的存在。但自然对人的巨大反作用就有可能毁灭人类，消除人类的存在。因此，从最高意义上讲，自然才是人的主宰，人只能尊重自然、敬畏自然。自然作为人的生存环境，人对自然的任何影响最终都转化为对人自身的影响。环境污染和生态恶化，也只是相对人而言，离开了人，自然界无所谓污染和生态恶化问题。

（二）培育生态文化观

生态文化就是从人统治自然的文化过渡到人与自然和谐的文化，它是培植生态文明的根基。生态文化的传承与弘扬，推进了生态文明建设的进程。生态文化的灵魂是生态哲学，体现为生态智慧。生态智慧主要表现为对生态系统的准确认识、对人与自然关系的总体反思、对生态价值的全面把握、对生态道德的伦理审视、对生态消费的深刻理解、对生态文明的根本追求等。文化是时代精神的精华，生态文化契合时代应运而生，融生态价值观、生态道德观、生态消费观于一体，以其巨大的渗透力和感染力，成为生态文明时代的主流文化，引领人类文化发展进入一个新时期。

1. 生态价值观

生态价值是哲学上“价值一般”的特殊体现，主要是指生态环境客体满足人类主体多方面需求的程度。毋庸置疑，生态价值首先是一种自然价值，即自然物之间以及自然物对自然系统整体所具有的系统“功能”。但更重要的是，生态价值不同于通常我们所说的自然物的经济价值，它还是自然生态系统对于人所具有的环境价值。人作为一个生命体，也要在自然界中生活。人的生活需要有适合于人的自然条件，如可以生息的大地、清洁的水、由各种不同气体按一定比例构成的空气、适当的温度、一定的必要的动植物伙伴、适量的紫外线的照射和温度等。由这些自然条件构成的自然体系就构成了人类生活的环境。这个环境作为人类生存须臾不可离开的必要条件，是人类的“家园”，是人类的“生活基地”，因而生态价值对于人来说，最重要的价值就是环境价值。

对人而言，自然所具有的经济价值与环境价值是两种不同性质的价值。自然的经济价值，是一种“消费性价值”。消费就意味着对消费对象的彻底毁灭，因而自然物对于人的经济价值是人通过实践对自然物的“毁灭”实现的。环境价值是一种“非消费性价值”，这种价值不是通过对自然的消费，而是通过对自然的“保存”实现的。例如，森林对于人来说，具有经济价值。要实现森林的这种价值，就必须把森林砍掉。只有如此，森林才能变成“木材”进入生产领域，以实现其经济价值。与此相反，森林只有在得到保存（不被砍伐）的条件下，其对人才有环境价值。当人类把森林作为木材消费掉以后，森林以及它对人的环境价值也就不复存在。

这就使人类生存陷入了一个难以克服的“生存悖论”，如果我们要实现自然物的经济价值（消费性价值），就必须毁灭自然物；而要实现自然的环境价值，就不能毁灭它，而是保护它。也就是说，人类不改造自然就不能生存；而改造了自然，又破坏了人的生存环境，同样也不能生存。解决这个生存悖论的唯一途径就是，必须把人类对自然的开发和消费限制在自然生态系统的稳定、平衡所能容忍的限度以内。要做到这一点，就必须减少人类对自然的消费，以维护自然生态系统自我修复能力。

2. 生态道德观

道德本是社会意识形态之一，是调整人与人以及人与社会之间关系的行为规范之总和。自古以来，道德观念是人特有的，只对人讲道德。但是，由于全球性的环境污染和生态破坏已日益危及人类的生存和发展，严酷的事实使人类不能不反思自己的行为，重新审视人与自然的关系，把人与自然的关系纳入道德的领域，构建生态道德观。

生态道德观从新的视角建立了人与自然的关系，它从维护自然环境、保护生态平衡的目的出发，对人们的行为予以道德约束，其核心思想就是代际、代内、人地等三大公平。

（1）代际公平。

代际公平指当代人与后代人公平地享有自然资源与生态资源。由于生态道德观是在社会、人、自然共同和谐、共存共荣的基点上提出来的，因此它首先特别强调当代人的责任。针对以往人们在利益上目光短浅导致人与自然的对立，威胁到人类的生存，并进而威胁到人类未来的历史延续，要求更新利益观念，强调既要满足当代人的需要，又不能对满足后代人需求的能力构成危害，不可以因当代人的自私和无限度地消耗自然资源而使人类发展的链条中断，而应该为子孙后代提供满足其需要的机会。

绿水青山留子孙（新华社发　朱惠卿作）

（2）代内公平。

代内公平指当代人在利用自然资源、满足自身利益上机会均等。由于大自然是人类共同栖居的家园，因而，在空间和地域上，不同国家和民族应公平地享有地球，平等地享有生存和发展的权利。这就意味着任何国家和地区的发展都不能以牺牲其他国家和地区的利益为代价，尤其应维护发展中国家和地区的利益。代内公平的实现要求消除地区贫困，缩小日益拉大的发达国家与发展中国家的差距。

（3）人地公平。

人地公平指人与自然界保持一种公正的关系。这一革命性观念不再从人类自身狭隘利益来看待自然界，而是以更高的境界和更广阔的视野把人类与环境、社会发展与生态环境融合在一起，要求人类有意识地控制自己的行为，合理地控制利用、改造自然界的程度，维护生态系统的完整性，保护生物的多样化。人类在利用和开发自然时必须保持基本生态过程和保护生命保障系统，保持人类对环境资源的永续利用，注意在利用过程中从自然界获取的资源不能超过环境所能容忍的限度，不能超过支持发展的生态系统的负载力。

3. 生态消费观

随着社会生产的不断进步，人们的消费需求由低档次向高档次递进，由简单稳定向复杂多变发展。这种消费需求上的变化在一个侧面反映了经济社会的进步状态。但不能不看到，消费需求的无限制跃进所造成的不合理消费行为，已经给资源环境带来了越来越大的冲击和压力，使本已脆弱的生态系统不堪重负。因此，为了自己和子孙后代的利益，必须在可持续发展的时代背景下，设法使自己的消费行为向有利于环境和资源保护、有利于生态平衡的方向演变。而当人们的消费行为具有了保护环境的功能时，这种消费就是一种生态消费。也就是说，生态消费是一种绿色的或生态化的消费模式，它是一种既符合物质生产的发展水平，又符合生态生产的发展水平，既能满足人的消费需求，又不对生态环境造成危害的消费行为。

生态消费具有适度性、持续性、全面性、精神消费第一性等特征。首先，在一定意义上，生态消费也叫适度消费。即消费规模与消费水平与一定的物质生产和生态生产相适应，并能充分保证一定的生活质量。生态消费是当代人类应该选择也必须选择的消费模式。因为唯有这种消费模式，才有利于人类的健康持续发展。其次，生态消费是一种持续性的消费模式，它具有满足不同代际间人的消费需求的功能，也就是说，这种消费模式将人的今天的需求和明天的需求、现代人的需求和未来人的需求有机地统一在了一起，具有一种跨时空的特质。再次，生态消费具有全面性。它是一种包含人的多方面消费行为的消费模式，或者说这种消费模式能满足人的多方面的需求，如物质需求、精神需求、政治需求、生态需求等。最后，生态消费是注重精神第一性的消费模式。生态消费突出人的精神心理方面的需要，这与传统的高消费一味追求人的物质方面的需要有明显的区别。

树立科学的生态消费观念或生态消费意识，是每一个地球居民所应有的素质要求。当传统的高消费日益明显地暴露出其对生态环境进而对整个社会持续发展的危害性时，当代社会成员在观念认识上应自觉摒弃高消费的愿望和行为，以一种既能确保自己的生活质量不断提高，又不会对生态环境构成危害的消费意识约束自己的消费行为。此外，现实生活中，虽然居民个体的消费行为较少或很少受环境资源状况的影响，但整个国民乃至整个人类的消费行为就不能不受到生产因素、市场因素特别是环境资源因素的制约。为了把全体国民的消费水平和消费规模纳入适度的、生态化的可持续消费的轨道，使全体国民树立生态消费的意识，摒弃高消费的陋习，政府还必须建立一种相应的确保生态消费的社会机制。如通过宣传教育等方式培养和强化人们的生态消费的观念意识；通过税收等手段抑制不利于健康的消费，如烟、烈性酒，提倡节俭，反对铺张

倡导绿色低碳生活

浪费；通过制定相关的法规以保护各种珍稀动物，严厉打击“杀食”珍稀动物的不法行为；等等。

（三）加强生态文明教育

1. 生态文明教育途径

教育兴旺与否关乎国家的未来与民族的希望。教育不是一把打开所有思想之门的“万能钥匙”，但它的确是一种促进人与自然更和谐、更可靠的重要路径。我国著名教育学者潘懋元教授曾指出：“许多严重破坏生态环境的事例，应负主要责任者很多是我们高等学校培养出来的专门人才。”加强大学生的生态文明意识，帮助大学生建立良好的生态价值观，需要把生态文明理念纳入高校教育过程中，加强高校生态文明教育，这需要通过完善高校生态文明教育的课程设置和建设良好的校园生态文化环境两大基本途径来加以实现。

（1）完善高校生态文明教育的课程设置。

1）构建生态文明教学体系框架。高校要建立一套目标明确、逐步提升、针对性较强的大学生生态文明教育课程体系。针对低年级学生开设 20 ～ 30 学时的生态文明教育课程，帮助学生树立正确的成才观、生态道德观，使其能够结合自身特点和社会的需要来设计个人的生态道德素质培养目标。针对高年级学生开设生态道德修养、生态道德拓展训练讲座，帮助学生掌握提升生态道德的方法，了解培养生态道德素质的一般步骤和途径。

2）开展生态文明社会实践活动。在校内组建以“播撒绿色，奉献爱心”为活动宗旨的生态文明志愿者协会，开展生态文明教育系列活动。利用植树节、技能节、爱鸟周、科普周开展专题学术讲座、主题演讲、征文比赛等大型生态文明教育活动。利用环保纪念日（周、节），组织大学生编撰图文并茂的宣传资料，走进社区开展科普活动；广泛开展寒暑假社会实践，切实让大学生在实践中感知，在感知中反思，在反思中行动。

开展“青清河”大学生河流守护志愿行动

（2）建设良好的校园生态文化环境。

校园生态文化环境主要包括物质环境和精神环境。加强校园生态物质文化建设是高校生态文明教育的基础，提升校园生态精神文化建设是高校生态文明教育的精神动力。首先，加强校园生态物质文化建设。校园生态物质文化建设就是要建设一个干净、漂亮、布局合理、宜人的校园环境。它与和谐的校园文化融为一体，不仅有观赏性和实用性，也充满人文气息。如多布置一些刻有校训、

校园生态景观

格言警句或美文的亭廊、休闲椅等。加强绿化、美化、净化校园环境，创建一个有“原生态”气息的校园，为教师和学生营造一种“亲生态”的文化氛围，将有助于提高教师和学生对生态文明的认识。其次，提升校园生态精神文化深度。教育界有个著名的“泡菜”理论，即泡菜的味道决定于泡汤，泡汤好，无论是白菜、萝卜、黄瓜，泡出的味道都好，否则，结果相反。因此，提升校园生态精神文化至关重要，它决定了所培养出来的学生的素质。

2. 大众传播媒介与生态文明教育

当今社会，大众传媒在生态文明建设中扮演着重要的角色。大众传媒通过对环境破坏事件的报道和曝光，可以形成强大的社会舆论压力，督促相关部门采取解决问题的措施，从而发挥其在生态文明建设中的舆论监督作用。大众传媒以报道或评论的形式将环境名词或环保政策等加以整理和解释，告知受众，可以丰富受众环保知识，构建生态文化。同时，大众传媒将新近的环境事件予以报道，将现实生活中的环境问题迅速地公开呈现在公众面前，可使公众逐渐认识到环境问题的严重性和紧迫性，进一步引导公众的环境行为，培养环境友好型公民。大众传媒在生态文明建设中发挥着监督、引导、培育等重要的作用。

（1）报道环境事件，监测生态文明。

媒介具有通过反复播出某类新闻报道来强化该话题在公众心目中的重要程度的功能。大众传媒作为社会环境的“监测者”和“瞭望者”，对生态环境等问题同样具有此项功能。大众传媒对新近发生的环境事件进行报道，聚焦于人与自然环境的矛盾及其产生的社会问题，将人类环境的现状告知公众，从而引发社会的关注和警示。中央电视台《焦点访谈》对环境问题的典型报道就颇具影响力和代表性。例如，“如此退耕谁来负责”“假造林真圈钱”“大海不是垃圾场”等议题不仅告知了公众部分环境事件的真相，同时对生态环境的破坏者形成巨大舆论压力，并最终督促政府部门解决问题。大众传媒在环境保护方面起到了积极的监督作用，成为生态文明建设的积极推动者。

（2）传播生态理念，构筑生态文化。

在生态文明建设中，大众传媒以其独特的公共领域特性扮演着生态文明理念播种机的角色。环保传播是指通过大众传媒，对环境状况、环保危机、环保事件、环境文化、环境意识、环保决策、环保法制、环保产业、公众参与等环保相关问题进行的信息传播。大众传媒与生态环境有关的大量报道，无异于是一种环保传播的新闻活动。在信息化时代，大众传媒以报道、评论甚至微电影等方式赋予环境议题重要性，吸引受众对生态环境问题的关注，让生态文明理念、环境信息被更多的人所认知、共享、传播，更好地发挥大众传媒的告知功能，为生态文明建设服务。

二、生态文明建设的方式

唯物史观认为，经济基础决定上层建筑。也就是说，一定的文明是以一定的物质生产方式为基础的。上层建筑又对经济基础具有能动的反作用，例如，工业文明带来的生态危机影响着经济的进一步发展与人类的生存。因此，转变发展方式对推进生态文明建设具有决定性意义。科学技术作为一把双刃剑，它的发展不仅极大地促进了经济的增长，也成为人类满足贪欲的帮凶，使得一系列生态环境污染问题日益严重。为了解决这些问题，实现社会的可持续发展，“生态技术创新与管理”被提出。在可持续发展思想被越来越多的人接受的背景下，企业发展面临着来自公众、政府等方面的外在压力，生态技术创新与管理可以通过成本的降低、市场份额的提高、生产规模的扩大以及技术转让收益使企业走出持续发展与环境保护的两难困境，实现可持续发展。生态技术创新与管理可以通过推进生态技术的研发，加强企业生态化管理，强化企业生态自律的实现。

（一）推进生态技术的研发

龙泉兰巨现代生态循环示范区里的茶园喷滴灌设施

生态文明的物质基础是生态产业，它是以人与自然协调发展为中心，以自然、社会、经济等复杂巨系统的动态平衡为目标，以生态系统中物质循环、能量转化与生物生长的规律为依据进行经济活动的产业。它把国民经济的产业活动放在自然生态环境中进行，形成了生态产业的结构：生态农业、生态工业、生态信息业、生态服务业。生态化发展战略以生态产业为主导，以人与自然的和谐发展为中心，推动经济、社会的发展。生态化就是用生物科学技术武装工业、信息业和服务业。推进生态技术的研发是实现生态化发展战略的基础。

1. 当代科技观及转向

工业革命带来了巨大的生产力，也带来了对大自然的巨大破坏。科学技术是生产力的一个重要组成部分。科技创新是促进科学技术发展的重要手段，过去的科技创新一味地追求经济利益并未注意到科技发展对自然的破坏和对社会的不利影响，由此带来了生态环境危机和社会矛盾加剧。当代科技观正在进行一个“生态化”的转向，称之为“科技创新生态化”。

科技创新生态化是对传统科技创新的人与自然关系的扬弃。它的一个重要特性就是调整了人与自然的关系。科技创新生态化批判地吸收了传统科技创新对人的能动作用的认识，同时扬弃了其主客二分的机械论观点，用辩证法看待人与自然的关系，强调人与自然是一个复杂的整体，人的发展必须以自然的健康发展为基础，只有自然系统的健康发展才意味着生态价值的实现。自然的价值包括两个方面：一是自然的使用价值，即自然物对人的有用性；二是自然的内在价值，即自然物之间彼此联结、相互利用而产生的动态平衡效应。传统科技创新没有将自然的内在价值纳入考虑，只看重自然的使用价值，强调对自然的最大化利用。而生态化的科技创新主张多目标协调发展，不仅要利用自然的使用价值，还要着重保护自然的内在价值，追求自然的可持续发展，因为自然是人类存在的根基，没有了自然，就没有了人类自身。

科技创新生态化也是生态文明与工业文明的辩证统一。工业文明的价值观是“人类中心主义”的价值观，生态文明的价值规则是“生态中心主义”。科技创新生态化要把它们统一起来。工业文明是经济发展的动力，也是生态文明的基础。经济不发展，就谈不上生态文明。经济发展了，才有能力去追求生态文明。生态文明的发展带来的生态伦理观念又反过来促进经济的进一步发展，从而实现可持续的发展。可以说，科技创新生态化是一种“人与自然关系中心主义”。只有以人为本，重新审视人与自然的关系，才能实现可持续发展。

2. 科学技术对生态环境的干预

科学技术的发展和利用，对社会生态具有正反两个方面的影响。科学技术在人类社会的进步与发展中，起着不可估量的作用。可以这样说，没有科学技术，就没有人类的现代文明。科学技术的迅猛发展，强烈冲击着社会的各个角落，改变着社会生态环境。一方面，科学技术的发展不断改变着人类生活的条件、状况和环境，有利于社会生态的发展；另一方面，某些科学技术的发展和使用又导致生态环境污染和巨大灾难，危害社会生态的发展。

（1）科学技术对生态环境的负面影响。

虽然科技本身是不负荷价值的，但是由于人类对科学技术的不当使用会带来意想不到的恶果，导致地球不堪重负。首先，化学污染。当代人与现存生物已生活在一个被各种有毒物质毒化的环境中，这种局面不仅影响着当代人的生活，而且潜藏着摧残子孙后代的危险。其次，人口膨胀。现代科技的杰出成就创造了发达的医学，延长了人的平均寿命，同时降低了新生婴儿的死亡率。如此众多的人口给生态环境造成了巨大的压力，加剧了环境污染。最后，资源能源消耗加速。

（2）现代科学技术对生态环境的积极干预。

现代科学技术不是只给环境带来负效应，随着科学技术的发展，它也开始为人类服务并成功地解决了许多环境问题。

1）减排降耗。当今世界，在社会经济发展领域中，特别引人注目的变化是，科学技术突飞猛进，社会生产力大大提高，经济规模空前扩大。科技的发展使单位生产量的能耗、物耗大幅度下降，使发展越来越减少对资源、能源的依赖性，并减轻对环境的排污压力。

2）有效治理环境污染。许多国家的经验表明，技术应用带来的资源浪费和环境破坏，最终还要依靠科学技术进步来解决。例如，解决汽车尾气污染问题，无论采用哪一种方法，科学技术都是关键因素。

3）开发新能源。人类通过采用有效的技术手段开发自然资源，使资源范围从深度和广度两维拓展，低科技水平下的非资源变成高科技时代的资源，诸如核能技术的进步，使原子潜能变为有效的能源。

4）开拓新生态领域。高科技的投入也使环境系统发生变化，太空技术的发展使外空环境改变。

3. 科学技术对生态道德的新要求

生态道德是人对整个自然生态系统的道德意识，更是人对自身及所处的生存环境、人类社会和整个自然界的完整的道德关怀。地球生态环境的综合性比较强，在很长一段时间中，人们的关注点仅仅在于“物竞天择、适者生存”，因此，人类误认为自然界是可以被人类征服、能够提供取之不尽用之不竭的资源的场所，人和自然的关系只是利用与被利用以及征服与被征服的关系。在这种思潮影响下，随着科学技术的飞速发展，地球生态环境的平衡迅速遭到严重破坏，大批物种急剧消亡，生物多样性减少，地球资源锐减，环境被污染……究其主导因素，在于人类的价值与观念，即人类中心主义的主导作用。就技术层面看，则在于技术异化与狭隘的科学技术发展论的影响所致。至此，人类开始重新认识人与自然的关系，开始意识到人的活动是受制于大自然的发展规律的，建立尊重自然、保护自然的生态文明道德新科技观势在必行。

（1）从人类中心主义走向生态中心主义。

著名生态伦理学家罗尔斯顿表示，地球上的人类代表的是道德以及伦理，因此在地球上生活应当怀有感恩的心态，要将霸占自然的冲突理论转变为和谐相处的温和理论。道德关怀的内容需要扩大，不但要包括人类本身，还要包括大自然。非人类中心主义的一个普遍思想就是肯定自然界的权利与地位，如果不承认这种权利与地位，就无法与自然和谐相处。在生态道德的构建过程中，我们应当对自然采取一定的尊重态度，同时也不能否定人类的利益诉求，忽略了人类利益，空谈保护自然资源是不现实的。

（2）构建科技道德规范，建设生态环境道德。

科技道德规范是指在科技创新活动中规范人与社会、人与自然、人与人关系的行为准则，它规范了科技工作者及其共同体应恪守的价值观念、社会责任和行为规范。主要规范人类在科技活动时的行为，核心思想是使科技发展不危及人类的生命健康和生存环境，保障人类的基本利益，保障人类文明的永续发展。很多人把科技比作“潘多拉魔盒”和双刃剑，一旦打开或者不正确使用，就会产生不良后果。例如，炸药、原子能、化工生物技术等，在给人类创造财富带来生活物质文明的同时，也带来战争隐患、生存危机、环境污染等一系列问题。所以，在科技发展过程中，必须重视道德规范的构建，弘扬科技的正面作用，抑制或消除其负面影响，使科技更好地为人类所用。

（二）加强企业生态化管理

企业生态化管理是指将生态学的思想运用于企业的经营管理中，将企业视作一个有鲜活生命的有机体，高度结合企业发展与环境保护，实现企业的可持续发展。企业有着自己的思维模式和循环系统以及消化、免疫系统，通过实施生态化管理，打造企业形象，提升企业的市场竞争力，进一步增强企业实力，促进企业的发展。

1. 培养企业生态意识

树立企业生态化管理的理念，有助于企业形成核心竞争力，保持快速发展，同时也符合全球经济实施可持续发展战略的目标。培养企业生态意识的首要条件就是要使企业员工不断增强保护生态环境的意识，用绿色的思维、理念营造关注绿色、保护生态的良好氛围，使绿色思想扎根于企业，融汇于企业的思想、管理工作之中，并与企业的经营性质和工作实质有效结合。以自来水企业为例，企业以消费水资源为主，就要树立起保护水资源、合理利用水资源的意识。这样既有益于企业的健康发展，又有益于自然生态的保护。

2. 规范企业生态行为

企业在生态文明建设中具有重要作用。因为企业作为主要的生产者，对资源和能源的消耗最大，对环境造成的污染也大。企业规范自身的生态行为是其义不容辞的社会责任。具体来说，企业应从以下两方面采取行动。

首先，大力发展循环经济，实施清洁生产。循环经济是一种生态保护型经济，要求运用生态学规律指导人类社会的经济活动，改变以高开采、低利用、高排放为特性的传统经济，防止把资源不断变成污染物和废弃物并大量地排放到环境中，抑制单纯的数量型增长的局面出现，防止环境污染程度超过生态环境的承载能力。以低开采、高利用、低排放为特征的循环经济，能够提高资源和能源的利用效率，最大限度地减少废物排放，消除和解决长期以来资源、环境与发展之间的尖锐冲突，实现社会、经济和环境的协调发展。其次，提高工艺技术水平，走新型工业化道路。技术创新是企业发展的主要动力，是生态文明建设的技术保障。很多企业在生产流程和技术水平方面比较落后，制约了资源的合理利用，导致产品物耗过高，污染物大量排放。企业在生产经营过程中，应当反哺生态文明建设，将企业利益和生态文明建设的长远利益有机地结合起来，实现企业利益与生态效益共赢发展。企业内部必须提高创新能力，探索新资源、新能源的应用，提高产品的科技含量，从而缓解人类需要的无限性与自然资源有限性之间的矛盾，实现良好的经济效益和社会效益。

3. 完善企业生态评估

对企业进行生态评估，有利于促进企业加强污染治理和生态保护，完善企业的环境管理系统，提高市场竞争力，也有利于实现经济和社会的可持续发展。企业生态评估就是通过对企业的经济活动进行相应的管理或约束，规范其行为，从而控制其对生态环境的不利影响，同时促使企业经济活动获得显著成果。企业生态评估包括企业生态内部评估和企业生态外部评估。

企业生态评估包含以下三个方面内容：（1）企业行为的合法合规情况。（2）企业活动对环境造成的影响，其中包括排放污染物情况、有无污染事故发生情况、污染物达标排放情况、污染物治理情况、消耗资源情况等。（3）企业环保措施及污染防治情况。

（三）强化企业生态自律

生态领域违法违规案件频发，很大一部分原因在于企业违法、失信成本低。近年来，生态改革不断推进，从立法、问责、执行等方面加大力度，全力打击环境违法行为，促使企业正视生态信用问题，通过提高企业生态自律、诚信意识，营造良好的环保守法氛围。

1. 生态文明建设与企业的责任

生态文明建设中的企业责任是企业社会责任的重要组成部分，是指企业力所能及地承担起环境保护、社会关爱、人与自然辩证统一的生态义务。企业作为国家技术创新和管理创新的主体，践行社会责任是加强生态文明建设的重要需求。纵观近年来我国企业社会责任实践，虽然企业已经在社会责任领域投入更多的关注度，但总的来说，效果并不尽如人意，不少企业还存在片面追求利润最大化、社会责任意识淡薄、漠视他人安全和环境污染的状况等问题，给社会造成了较大的负面影响，与生态文明建设的目标存在巨大冲突。

企业的生产经营活动消耗自然资源，基于人与自然和谐相处的原则，企业从自然界获得资源，就应当节约和保护自然资源，否则自然资源逐渐耗竭，不仅对社会经济的可持续发展产生极大的负面效应，企业本身也无法生存与持续发展。因此，现代社会经济的发展要求企业既要关注自身经济效益，还必须关注所要承担的社会责任，企业如何将社会责任贯彻到战略规划、价值链管理、质量管理等各个管理领域，其管理又如何体现生态文明的价值要求，是现代企业管理创新的新趋势。

围绕生态文明建设，我国企业社会责任建设应注重以下两个方面：其一，强化企业责任意识。突破在企业社会责任方面的误区，理解生态文明建设与企业发展的关系，增强企业生态意识和生态文明责任感。当前我国有不少企业并未真正理解企业社会责任的内涵，对其概念存在一定的误读。企业社会责任的基本理念是各种利益都能得以尊重，权利、义务、责任处于平衡之中，而不是将企业存续和社会利益对立起来。强化企业的社会责任，既是中国经济转型升级、保持和谐稳定发展大局的需要，也是行业和企业提升自身竞争力的需要。其二，强化社会责任管理。强化企业的社会责任管理，将企业社会责任建设贯彻到企业战略创新和管理创新之中。当前，我国企业普遍存在社会责任管理缺位的问题，主要表现在企业战略规划不考虑生态因素，没有设立环境管理机构，成本效益计算范围排除环境要素，等等。企业不能把社会责任当作一项额外工作，而是应该把社会责任融入企业发展战略和日常经营管理中。

2. 企业的清洁生产与节能减排

就全球经济发展战略而言，21 世纪是可持续发展战略贯彻落实的时代。中国企业在实施可持续发展战略中，推行清洁生产和实施节能减排尤为重要。工业化的发展，一方面推动经济的发展，满足人类对物质生活不断增长的需求，从而推动着社会的发展；另一方面，也消耗着地球上大量的自然资源，并在制造人类所需产品的同时不断产生各种污染和有害物质，成为地球环境最大的污染来源。这是人类经过漫长的工业化发展道路面临日益严重的环境污染后逐步形成的共识。

较长时期以来，我国工业企业走的是以高投入、高消耗、高污染换取较高经济增长的粗放型发展道路。这种发展模式一方面导致资源和能源利用不合理，另一方面给环境带来严重污染，而环境和资源所承受的压力反过来又对经济发展产生了严重的制约作用。因此，节能减排已成为我国企业可持续发展的当务之急。随着科学技术的发展，对工业防治污染研究和实践的不断深入，工业防治污染方法已逐步从过去单纯进行污染物排出后减量化、无害化处理的末端治理方式，发展到在产品的整个生命周期，包括产品及生产工艺的设计、产品的生产制造过程和产品的销售、服务及使用等各个阶段，以及从原料、生产工艺、产品性能等各个方面全方位考虑减少污染物产生、改善环境性能、降低成本的“清洁生产”策略。

清洁生产是指对生产过程、产品和服务实行综合防治，以减少对人类和环境的风险。对生产过程来说，包括节约原材料和能源，革除有毒材料，减少所有排放物的排放量和毒性；对产品来说，则要减少从原材料到最终处理的产品的整个生命周期对人类健康和环境的影响；对服务来说，则要将环境因素纳入设计和所提供的服务之中。显然，清洁生产的目标就是实现资源消耗与污染物排放的减量化、最小化，其本身是一个不断完善的相对过程。

3. 企业生态责任与绿色战略

企业社会责任指企业在追求利润最大化、满足股东利益的同时，还应当不损害或满足其员工、消费者、供应商、所在社区和环境等方面的利益，包括遵守商业道德、安全生产、职业健康和保护劳动者的合法权益以及保护环境、节约资源、支持慈善事业、捐助社会公益、保护弱势群体等。企业生态责任是企业社会责任中的一种，是指企业在谋求自身及股东最大经济利益的同时，还应当履行保护环境的社会义务，最大限度地扩大作为社会公益的环境利益。

绿色战略思维和企业生态责任都有共同的关注点，即在重视企业与外部环境关系的基础上，都着眼于企业的可持续发展。企业绿色战略通常可以分为三个阶段：污染防治、清洁生产和清洁技术的开发。首先，要由污染控制转为污染防治。污染控制意味着对已经造成的污染进行清洁处理，污染防治则是致力于减少甚至杜绝尚未发生的污染。污染防治战略注重持续不断地减少污染、降低能耗。其次，清洁生产是指对工艺和产品不断运用一体化的预防性环境战略，以减少其对人体和环境的负面影响。企业应该在产品设计、材料选购、工艺制造、成品出厂等所有活动和过程中都严格按国家标准要求，加强环境保护，防治污染，实行绿色生产战略。最后，企业要在兼顾经济利益的基础上更好地承担企业生态责任，更多关注科学技术这个关键因素，重视在清洁技术上的投入。

第二节　认识“五位一体”

一、“五位一体”理论

（一）“五位一体”的内涵

“五位一体”是在党的十八大报告中提出的。“五位”代表五个方面，分别是经济建设、政治建设、文化建设、社会建设和生态文明建设。“五位一体”是指五个方面构成一个有机整体，其中经济建设是根本，政治建设是保证，文化建设是灵魂，社会建设是条件，生态文明建设是基础，共建中国特色社会主义伟大事业。“五位一体”的总体布局，是党对中国特色社会主义建设规律认识的深化，表明党从全局和战略高度应对中国严重的生态矛盾、推进可持续发展的决心和信心。只有深刻把握生态文明建设在“五位一体”总体布局中的重要地位，才能从根本任务和基本国策的高度推进生态文明建设，自觉地将生态文明建设融入经济建设、政治建设、文化建设、社会建设的各方面和全过程，建设美丽中国，实现中华民族永续发展，实现生态文明中国梦。

唯物辩证法告诉我们，世界是普遍联系并不断发展的，这是一条颠扑不破的真理。“五位一体”强调了中国特色社会主义建设事业是一个系统，经济建设、政治建设、文化建设、社会建设和生态文明建设是构成这一系统的子系统。因此，构成中国特色社会主义建设事业系统的子系统之间，经济建设、政治建设、文化建设、社会建设和生态文明建设子系统的构成要素之间都是普遍联系并不断发展的，“五个文明”互动共谐，推进中国特色社会主义事业向前发展，也推动生态文明建设走向纵深。

（二）“五位一体”理论的提出

2012年11月8日，中国共产党第十八次全国代表大会在北京人民大会堂开幕，在大会报告《坚定不移沿着中国特色社会主义道路前进，为全面建成小康社会而奋斗》中，第一次提出：“建设中国特色社会主义，总依据是社会主义初级阶段，总布局是五位一体，总任务是实现社会主义现代化和中华民族伟大复兴。”这个提法是党中央根据我国经济社会发展实际确定下来的中国特色社会主义的经济建设、政治建设、文化建设、社会建设和生态文明建设的“五位一体”总体布局。这一重大战略布局具有深远的历史由来和深厚的理论依据。

中国特色社会主义“五位一体”的崭新布局，是中国特色社会主义事业的总体布局，是中国特色社会主义事业发展历史经验的科学总结。

1. 新中国成立初期“一个统帅”布局

新中国成立初期，强调政治是统帅、是灵魂，政治工作是一切经济工作的生命线，因此要抓革命、促生产、促工作，用革命工作、政治工作来带动和推动其他工作的工作布局。这个布局在社会主义革命时期是可行的。因为在社会主义革命时期，革命是历史的火车头，政治不能不占首位。也就是说，要发挥上层建筑和政治工作的作用，来促进社会的变革。但是，革命完成以后，进入相对稳定的建设时期，应该强调社会存在中的经济基础决定社会意识中的上层建筑，应该以发展生产力、发展经济为主要任务。

2. 十一届三中全会以后“两个文明一起抓”布局

十一届三中全会以后，邓小平同志在中国文学艺术工作者第四次代表大会上的祝词中强调，要在建设高度物质文明的同时，提高全民族的科学文化水平，发展高尚的丰富多彩的文化生活，建设高度的社会主义精神文明。[①]从实践意义上来说，这个布局顺应了党的

---

① 邓小平文选：第二卷.北京：人民出版社，1994：208.

工作重点的转移需要，符合社会主义建设的规律；从理论上来说，这个布局是历史唯物主义关于社会存在和社会意识的辩证关系原理的运用，强调社会存在是第一性的，应该抓物质文明建设为主，同时注意社会意识有反作用，也要抓精神文明建设。但是，这个布局在执行过程中存在一手硬、一手软的问题，物质文明建设明显投入更多。

3. 中国特色社会主义经济、文化、政治“三大纲领”布局

江泽民同志主持中央工作时，将政治文明从精神文明建设里面单独提取出来，加以强调并引起全党重视。他多次指出物质文明、精神文明、政治文明一起抓，并相应地提出中国特色社会主义经济、文化、政治“三大纲领”的布局，即经济上要建立中国特色社会主义市场经济；文化上要发展中国特色社会主义先进文化；政治上要建设中国特色社会主义民主政治。这“三大纲领”的布局，体现了一个新的实践要求，就是要解决把思想政治建设放到笼统的意识建设或精神文明建设里面，使它的地位不十分突出的问题。同时顺应人民的政治参与意识越来越强，民主要求越来越高的需求，将“政治文明”提到日程上来。

4. 十七大以后“四大建设”布局

党的十七大的一个亮点是确立“四位一体”布局。随着我国经济社会的不断发展，中国特色社会主义事业的总体布局，更加明确地由社会主义经济建设、政治建设、文化建设“三位一体”发展为社会主义经济建设、政治建设、文化建设、社会建设“四位一体”。我们在重视物质文明、精神文明、政治文明建设的同时，还要重视社会文明建设。要通过全面建成小康社会达到学有所教、老有所依、劳有所得、病有所医、住有所居的目标。这样既顺应了解决种种社会问题的实践要求，同时也符合历史唯物主义的原理，我们不仅要看到社会基本矛盾，还要看到社会非基本矛盾。

5. 十八大首提“五位一体”布局

习近平总书记 2012 年 11 月 17 日在十八届中央政治局第一次集体学习时的讲话中指出：党的十八大把生态文明建设纳入中国特色社会主义事业总体布局，使生态文明建设的战略地位更加明确，有利于把生态文明建设融入经济建设、政治建设、文化建设、社会建设各方面和全过程。从党的十八大开始，中国特色社会主义事业总体布局成了经济、政治、文化、社会和生态文明“五位一体”的建设布局。这个布局的实践依据是环境的压力、资源的压力越来越大，必须要重视。站在历史唯物主义的视角来看，自然生态环境问题是人类社会发展必须考虑的重要方面，人类社会要存在和发展必须有适宜的、可持续的自然生态环境。

总之，中国特色社会主义事业的总体布局经历了“一个统帅”“两个文明”“三大纲领”“四大建设”“五位一体”的发展过程。这一过程是从局部到整体、从简单到复杂、从低级到高级的发展过程，体现了我们党的社会主义实践和认识的不断深化。党的十八大确定的“五位一体”的战略布局是过去历史经验的总结，也是科学发展的指针。

二、“五位一体”的实践

（一）“四化两型”建设：生态文明的建设之路

“四化”是指新型工业化、农业现代化、新型城镇化和信息化。“两型”是指资源节约型、环境友好型。全面推进“四化两型”建设，以建设“两型社会”作为加快经济发展方式转变的目标和着力点，以新型工业化、农业现代化、新型城镇化、信息化为基本途径，以结构调整、自主创新、节能环保、民生改善和制度建设为着力点，加快经济结构由不合理、不协调向协调发展转变，经济增长由外延扩张向内涵提升转变，资源利用由粗放向节约集约转变，城乡发展由二元结构向一体化发展转变。在发展方式仍然比较粗放，资源环境约束趋紧，要素制约仍然突出，城乡区域发展不平衡，转变经济发展方式的任务十分艰巨的今天，随着经济全球化的深入发展，国际产业结构调整呈现出生态化、高技术化的特征，中国经济也开始走上“四化两型”的生态环保、高端科技的生态文明建设之路。“四化两型”生态社会已经迈出了万里长征的第一步，必然会给各产业发展带来强烈的冲击和挑战，给人们的生活方式带来全新的变革。一方面，作为国民经济发展基础的农业，要走中国特色的可持续发展之路，需要建立振兴中国农业的生态化机制和发展方式；另一方面，必须科学编制生态城市规划，努力提升城市整体素质和形象，增强城市综合实力，确立低碳、环保、宜居的生态城市发展方向。

1. 生态农村

在“四化两型”的生态文明主题建设中，振兴农业要着力建构和完善城乡一体化“三农”生态。“三农”生态有两个基本方面，一是“三农”的自我生存、自我壮大、自我协调、自我发展的生态自主能力；二是“三农”在工业化、现代化、城镇化变迁中，实现城乡一体化中的相融合整合的生态扩张能力。这两方面的健康、持续发展，取决于农民主体素质的持续提升。这个问题解决的逻辑顺序和现实前提是农业的效益问题。因此，要从提升农业的整体效益入手，建构“三农”生态体系，形成完善这一体系顶层设计的制度安排。

其一，解决农业效益提升的问题，必须走大农业、大经营的路子。整合农业生产所需要的人、财、物等方面资源，必须跳出“小农业”，即在种植业上兜圈子的狭隘农业的发展观，形成农林牧副渔、农产品加工业、休闲农业、旅游农业、创意农业等相结合的大农业发展观，形成大农业的综合效益，达到效益平衡和生态循环。只有这样才能实现农业发展的招商引资、吸引人才、聚集资源的效应，通过借力、引智、引资，使农业能在短期内快速发展。

农村变得生态宜居

其二，建构和完善“三农”持续发展的顶层设计和制度安排，解放和发展农业生产力。解放生产力要靠制度安排，发展生产力则在于教育孵化，包括基本职业教育和拓展性能力教育，促进农业生产力的城市化转换，让更多的农民家庭通过诚实劳动分享更多的由改革开放所带来的福利，更好地融入城乡一体化发展的社会生态中，为中国特色的改革开放深入发展注入新活力、做出新贡献。

生态农村是合作化、组织化的生态体系。生态经济是基于市场经济之上的一种新经济，它以井然有序，高度的合作化、组织化和教育化的特征组织社会建设。建设生态农村，改变当前“三农”的落后局面不仅要建设农业发展的领军队伍，还要通过合作化的生产经营方式，增强规模效应，发展大农业，实现农业的综合效应，展示大农业生态综合效益的吸引力。

2. 生态城市

“四化两型”建设中的生态城市是指自然、技术、人文充分融合，物质、能量、信息高效利用，人的创造力和生产力得到最大限度的发挥，居民的身心健康和环境质量得到维护的一种生态、高效、和谐的人类聚居新环境。生态城市是从全局和系统的角度应用生态学基本原理而建立的，是人与自然和谐共处、物质循环良好、能量流动畅通的生态系统。生态城市的建设应以环境容量或生态承载力为前提，着重从以下四个方面入手：

（1）以可持续发展思想为理念，重视区域间的协调发展。当人类面对日益严峻的环境和资源问题时，世界各国已经承诺共同走向可持续发展的道路，越来越渴望拥有高效合理的人居环境。生态城市的“城市”概念是指包括郊区在内的“城市区域”，因此城市规划和开发必须与区域规划乃至国土规划相协调。

（2）以科技支撑生态城市建设。生态城市建设要求城市发展必须与城市生态平衡相协调，要求自然、社会、经济复合生态系统的和谐，因此必须以强大的科技作为后盾。

宜居新环境

（3）以政策和资金为后盾。

（4）重视公众参与，拓宽其参与渠道。生态城市建设是一项巨大的系统工程，离不开公众的参与。

我们应紧密结合国情和城市发展具体阶段的特点，循序渐进地开展城市建设，走出一条具有中国特色的城市生态化发展之路。

（二）生态生产服务体系

生态生产服务体系着眼于生态系统的可持续发展能力，追求经济与生态资产的共同增长与积累，追求人的身心健康、生态系统服务功能与代谢过程的健康，追求物质文明、精神文明、政治文明、社会文明和生态文明等“五位一体”的复合生态繁荣。具体包括生态农业、生态工业和生态服务。

1. 生态农业

生态农业是按照生态学原理和经济学原理，运用现代科学技术成果和现代管理手段，以及传统农业的有效经验建立起来的，能获得较高的经济效益、生态效益和社会效益的现代化农业。生态农业具有以下四大特点。

溪田生态农业园

（1）综合性。

生态农业强调发挥农业生态系统的整体功能，以大农业为出发点，按“整体、协调、循环、再生”的原则，全面规划、调整和优化农业结构，使农、林、牧、副、渔各行业和农村一、二、三产业综合发展，并使各产业之间互相支持、相得益彰，提高综合生产能力。

（2）多样性。

生态农业针对我国地域辽阔，各地自然条件、资源基础、经济与社会发展水平差异较大的情况，充分吸收我国传统农业精华，结合现代科学技术，以多种生态模式、生态工程和丰富多彩的技术类型装备农业生产，使各区域都能扬长避短，充分发挥地区优势，各产业都根据社会需要与当地实际协调发展。

（3）高效性。

生态农业通过物质循环、能量多层次综合利用和系列化深加工，实现经济增值，实行废弃物资源化利用，降低农业成本，提高效益，为农村大量剩余劳动力创造农业内部就业机会，保护农民从事农业的积极性。

（4）持续性。

发展生态农业能够保护和改善生态环境，防治污染，维护生态平衡，提高农产品的安全性，变农业和农村经济的常规发展为持续发展，把环境建设同经济发展紧密结合起来，充分保证子孙后代的健康生活和利益。

2. 生态工业

生态工业是依据生态经济学原理，以节约资源、清洁生产和废弃物多层次循环利用等为特征，以现代科学技术为依托，运用生态规律、经济规律和系统工程的方法经营和管理的一种综合工业发展模式。与传统工业相比，生态工业具有以下特点。

（1）生态效益与经济效益并重。

传统工业发展模式以片面追求经济效益目标为己任，忽略了对生态效益的重视，导致“高投入、高消耗、高污染”的局面，而生态工业经济效益和生态效益并重，从战略上重视环境保护和资源的集约、循环利用，有助于工业的可持续发展。

（2）自然资源的开发利用兼顾生态效益。

传统工业由于片面追求经济效益，只要有利于在较短时期内提高产量、增加收入的方式都可采用，因此，工矿企业林立，资源的过度开采、单一利用等状况比比皆是，引发资源短缺、能源危机、环境污染等一系列问题。生态工业兼顾经济效益和生态效益，在生态经济系统的共生原理、长链利用原理、价值增值原理和生态经济系统的耐受性原理指导下，对资源进行合理开采，使各种工矿企业相互依存，形成共生的网状生态工业链，实现资源的集约利用和循环使用。

首钢工业园一角

（3）产业结构和产业布局合理，与生态系统相适应。

传统工业由于只注重工业生产的经济效益，而且是区际封闭式发展，导致各地产业结构趋同、产业布局集中，与当地的生态系统和自然结构不相适应。资源过度开采和浪费、环境恶化严重，不利于资源的合理配置和有效利用。生态工业系统是一个开放性的系统，其中的人流、物流、价值流、信息流和能量流在整个工业生态经济系统中合理流动和转换增值，这要求合理的产业结构和产业布局，与其所处的生态系统和自然结构相适应，以符合生态经济系统的耐受性原理。

（4）废弃物处理遵循生态系统要求。

传统工业实行单一产品的生产加工模式，对废弃物一弃了之。生态工业不仅从环保的角度遵循生态经济系统的耐受性原理而尽量减少废弃物的排放，而且充分利用共生原理和长链利用原理，使过去的“原料—产品—废料”的生产模式改为“原料—产品—废料—原料”的模式，通过生态工艺关系，尽量延伸资源的加工链，最大限度地开发和利用资源，既获得了价值增值，又保护了环境，实现了工业产品的“从摇篮到坟墓”的全过程控制和利用。

3. 生态服务

人类生存与发展所需要的资源归根结底都来源于自然生态系统。自然生态系统不仅可以为我们的生存直接提供各种原料或产品，而且具有调节气候、净化污染、涵养水源、保持水土、防风固沙、减轻灾害、保护生物多样性等功能，进而为人类的生存与发展提供良好的生态环境。生态服务作为一个新兴产业，发展潜力巨大，在促进经济发展和推进生态文明建设中起着重要作用。下面以伊春市为例，简要介绍生态服务的作用。

（1）生态服务为推进经济转型拓宽了渠道。

《伊春市森林与湿地资源价值评价》显示，伊春森林和湿地中的野生动植物资产总价值近 900 亿元，蕴含着巨大的开发潜力。经过努力，伊春形成了初具规模和较强市场竞争力的新型产业群，仅旅游业就推出原始森林观光旅游、避暑度假游等旅游产品几十种。建成景区景点百余处，成为黑龙江省旅游业发展最快的地区。

（2）生态服务为当地职工群众的就业增收提供了源泉。

伊春市作为东北老工业基地的林业资源型城市，其茂密的森林和广袤的湿地中丰富的动植物资源，已经成为新兴加工业发展的重要原料基地。由于森林生态旅游业、森林食品及北药产业等生态产业的兴起，为伊春从业人员提供了大量的就业岗位。

（3）生态服务为打造优良的人居环境创造了重要条件。

森林和湿地能显著地改善区域小气候。以伊春市为例，夏季平均气温仅为 20℃～22℃，堪称盛夏中的“天然空调”城市。伊春市的平均氧浓度为 21.58%，超出正常环境 0.63 个百分点，是名副其实的“森林氧吧”。蓝天、碧水、青山、净土的生态环境，山、水、林、城交相辉映的生态园林城市格局，使伊春市成为国内外公认的“人居环境范例”和“环保节能新型示范城市”。

（三）人口发展体系

人口与生态发展息息相关，全方位适度的人口发展体系为生态文明建设目标的实现提供了良好条件。全方位适度人口目标的实现依赖于人口的合理生产，即人口生态生产。从人类社会发展与自然界的关系来看，人类发展史就是人口与资源、环境相互作用的历史。一方面，资源与环境是人类赖以生存的基础和场所，环境质量不仅对人口的数量、质量、结构、分布等产生影响，而且还直接影响作为经济发展基础的资源和能源；另一方面，人口数量、质量、结构、分布的变化直接作用于资源和环境，尤其是人口增长过快、人口素质低下已经引起了资源的大量浪费和环境的恶化，直接威胁着人类的生存和发展。

1. 人口生态生产的意义

人口生态生产概念的提出具有重大意义。人口生态生产是指人口生产过程要符合生态化的要求，它是一个动态的过程，并依据人类科学技术、社会生产力和生态生产力发展演化的实际状况，总体上要求人口的数量、规模不应超出生态环境的容纳限度，人口的质量、素质适应当今以及未来人类可持续发展的时代需求，人口的结构框架凸显人类进步趋势和发展方向，人口的分布格局更加优化合理和协调平衡。

（1）人口生态生产可以减缓因人口膨胀给资源、环境造成的压力。

生态经济学派认为，生态经济系统的基本矛盾表现为生态系统内在稳定机制与经济系统的发展机制之间的矛盾。现实的经济社会要求的发展已经打破了生态系统内部的稳定机制，使得生态系统内部的自我修复功能严重下降。人口越多，对自然界的索取也就越多，其破坏程度就越严重。从资源总量来看，中国是世界上少数几个资源大国之一，但人均资源占有量却大大低于世界平均水平。人口生态生产降低了庞大的人口数量和超限度的人口活动，减缓了因此而引起的耕地、粮食、森林、草场、能源等方面压力，有利于生态环境的恢复。

（2）人口生态生产能够抑制因人类中心主义造成的资源环境破坏。

历史和现实都表明，人口越多，对资源的索取和掠夺就越严重，对环境的破坏就越大；不仅如此，人口的增长还易形成人类中心主义、功利主义和个人主义的道德观，对资源和环境产生了巨大的消极影响。要推进生态文明建设，必须保持合理的人口生态生产比例。人口生产应适应资源节约和环境保护的生态需求，使人口增长与社会生产力的发展相适应，使经济建设与资源、环境相协调。

2. 生育观的转变

生育观是指在一定的经济、社会、文化环境中形成的对生育现象的看法与见解，是人们关于生育行为的价值取向、行为准则、风俗习惯等思维模式的总和，一般包含生育意愿、生育动机和生育需求三个层面的内容。生育观是一个重要的社会性问题，社会发展是否稳定、经济是否发达，跟人们的生育观有着千丝万缕的联系。

当前，早婚早育、多子多福、重男轻女等传统生育观已经逐渐转向现代生育观，人们普遍的积极的人口观和生育观正在形成。

（1）生育目的的转变——由传宗接代到丰富生活体验。

伴随着经济的发展，现代生育观更注重精神层面的要求，人们的生育目的由传宗接代转变为现在的丰富生活体验。

（2）性别选择的改变——由重男轻女到男女都一样。

改革开放以后，随着经济的发展和价值观念的多元化，人们的思想觉悟、法治观念、人权意识的增强，特别是妇女在政治、经济、文化和家庭方面地位的提高，我国传统观念中延续已久的重男轻女思想逐渐被改变。大多数现代人认为，生男生女都一样。

（3）质量要求的转变——由重数量轻质量到优生优育。

过去在我国，劳动力的多少决定了一个家庭的生活水平，因此人们在生育子女时首先考虑的是数量。随着科技的发展和社会的进步，越来越多的工作不再需要大量的体力劳动，而转向了对脑力劳动的需求。因此，现代夫妻生育子女，无论是怀孕前的各种准备，怀孕后的胎教，还是孩子出生后的教育与培养，都付出了很大的心血，充分体现了优生优育的态度。

第三节　认识“青山绿水”工程

一、“青山绿水”工程概说

“青山绿水”工程是指通过一系列措施来保护和改善自然环境的工程。具体来说，它包括植树造林、水土保持、水源保护、湿地恢复、土地复垦、生态修复等方面的工作。这些措施旨在减少污染、保护生态系统、提高环境质量，为人类创造一个更加美好、健康的生活环境。

实施“青山绿水”工程，需要综合考虑当地的气候、地形、水文等自然条件，以及社会经济发展状况、人口分布等因素。同时，需要采取科学的方法和手段，确保工程的可行性和可持续性。

“青山绿水”工程的意义非常重大。首先，它可以改善环境质量，减少污染，保护生态系统，提高人民的生活质量。其次，它可以促进经济社会的可持续发展，推动生态文明建设，实现人与自然的和谐共生。最后，它可以增强民族凝聚力，提高国家形象和国际影响力。

为了实现“青山绿水”工程的目标，政府、企业、社会各界需要共同努力。政府需要制定相关政策和法规，加大投入力度，加强监管和执法力度；企业需要积极履行社会责任，加强环保意识和技术创新；社会各界需要积极参与环保活动，提高环保意识和素质。

总之，“青山绿水”工程是一项具有重要意义和价值的工程，需要我们共同努力，为创造一个更加美好、健康的生活环境而奋斗。

二、关爱森林

随着社会的发展，科技的进步，生态学与生物学的深入研究，森林生态系统的理论逐渐被人们所关注，更多的人认识到森林对经济社会的发展以及历史、文化、休闲等众多生态服务领域的重要价值，这有助于人类自觉形成保护森林资源的生态意识和提升生态行为能力与生态保护能力。

张家界国家森林公园

（一）森林资源的概念和特征

1. 森林资源的概念

森林资源包括森林、林木、林地以及依托森林、林木、林地生存的野生动物、植物和微生物。狭义的森林资源主要指的是树木资源，尤其是乔木资源。广义的森林资源指林木、林地及其所在空间内的一切森林植物、动物、微生物以及这些生命体赖以生存并对其有重要影响的自然环境条件的总称。

2. 森林资源的特征

（1）具有空间分布广、生物生产力高的特点。森林占地球陆地面积约 22%，森林的第一净生产力较陆地其他生态系统都高，如热带雨林年产生物量达 500 吨 / 公顷。

（2）具有结构复杂、多样性强的特点。森林内包括有生命的物质，如动物、植物及微生物等，也包括无生命的物质，如光、水、土壤等，它们相互依存、共同作用，形成了不同层次的生物结构。

（3）具有再生能力强的特点。森林资源不但具有种子更新能力，而且还可进行无性系繁殖，实施人工更新和天然更新。同时森林具有很强的生物竞争力，在一定条件下能自行恢复在植被中的优势地位。

（二）森林资源概况

1. 全球森林资源概况

联合国的相关统计资料显示，目前全球森林覆盖率约为 40 亿公顷，占世界陆地面积的 30% 左右，世界森林资源蓄积推算约为 4 300 亿立方米。虽然近年来森林退化和消失的速度有所减缓，但每天仍有近 200 平方千米的森林消失。另外，世界森林面积的分布极不均衡，俄罗斯的森林面积最大，约占全球的 1/5，其次为巴西、加拿大、美国和中国，这 5 个国家的森林总面积占全球森林面积的一半还多。

全世界平均的森林覆盖率为 32%，北美洲为 34%，南美洲和欧洲均为 30%，亚洲为 15%，太平洋地区为 10%，非洲仅 6%。

2. 我国森林资源概况

据 2019 年发布的第九次全国森林资源清查结果显示，全国森林面积 2.2 亿公顷，森林覆盖率 22.96%，森林蓄积 175.6 亿立方米，人工林面积 0.8 亿公顷。该次清查从 2013 年开始，到 2019 年结束，历时 5 年，运用卫星遥感和样地调查测量等现代科技手段，调查内容涉及森林资源数量、质量、结构、分布的现状和动态，以及森林生态状况和功能效益等方面。

我国国土辽阔，森林资源少，森林覆盖率低，地区差异很大。东北、西南地区和东南、华南丘陵山地，森林资源比较丰富，西北干旱、半干旱地区森林资源极少。

我国森林资源的类型多种多样，有针叶林、落叶阔叶林、常绿阔叶林、针阔混交林、竹林、热带雨林等。树种共达 8 000 余种，其中乔木树种 2 000 多种，经济价值高、材质优良的就有 1 000 多种。珍贵的树种如银杏、银杉、水杉、水松、金钱松、福建柏、台湾杉、珙桐等均为我国所特有。经济林树种繁多，橡胶、油桐、油茶、乌桕、漆树、杜仲、肉桂、核桃、板栗等都有很高的经济价值。但是，森林资源结构不够合理，经济林、防护林、薪炭林的比重低，不能满足国计民生的需要。

另外，我国林地生产力水平低。我国林地利用率低，蓄积量少，生长量小，可喜的是，我国宜林地多，造林潜力大。

（三）森林的功能和价值

森林是陆地生态系统的主体，是世界上最丰富的生物基因资料库。森林具有多种防护效益，在诸多方面起着重要作用。

1. 解决淡水资源短缺

当前，随着全球生态环境的恶化和水污染的日益严重，淡水短缺成了困扰人类的一个重大问题。联合国“世界水资源评估计划”（WWAP）在 2015 年报告中指出，以目前的用水比率推算，全球在15年后将缺少40%的用水，人类若不减少用水，到2030年可能面临缺水危机。我国是淡水资源稀缺国家，人均淡水资源仅为世界人均量的1/4，居世界第121位，被联合国列为全世界人均水资源最赤贫的国家之一。全国600多个城市中，有300多个城市不同程度存在缺水现象，其中严重缺水的有108个。以河北省为例，全省累计超采地下水600亿立方米，其中深层地下水300亿立方米已无法补充。

一片森林就是一个巨大的固体水库，对水循环系统具有重大的调节功能。雨水落到森林地面会被植物根系所吸收，渗透到土壤中变成地下水，进而汇聚，满足人类对淡水的需求。森林中多种植物、河流以及潮湿的地面，被太阳蒸发后形成云层，条件成熟时就会形成大量降水，重新滋润森林系统，形成良性的生态循环。茂密的原始森林降水量极其丰富，淡水资源也较为丰富，因此森林已成为解决人类未来淡水资源短缺的重要基地。

2. 解决食品短缺，创造经济价值

森林是一个复杂的生态系统，林产品为人类创造的巨大经济价值已为人们所熟知。人类可以充分发挥森林制造食品的强大功能，利用先进的科学技术，大力发展森林养殖业、动植物产品和林产品加工业等，源源不断地为人类提供营养丰富的物质。

3. 满足人类对健康的需求

（1）森林能吸收有毒气体和烟尘。工业生产、汽车尾气中的有害气体，如二氧化硫、氟化氢等对人体有害，空气中的烟尘和粉尘被吸入体内会引起多种疾病。植物尤其是林木能吸收有毒有害气体，产生大量氧气，使空气变得清洁。一亩林地一年可吸收有毒气体30～40千克，世界上的森林和植物一年能产生4 000亿吨氧气，1公顷森林一年能吸附50～70吨尘土。

（2）森林能杀灭细菌。树木有分泌杀菌素的功能，能够杀菌、灭菌，保护人类健康。据测算，1公顷松柏林每天能分泌杀菌素30千克。

（3）森林能减少噪声。当置身于绿树成荫的道路或公园之时，人们会感到舒适、宁静，这是因为森林具有清除噪声的功能。当噪声超过60分贝，对人就有危害；超过100分贝，就会影响听力。林木能隔挡噪声。据测定，30m宽的林带可以减低噪声10～15分贝。公园中成片树林可以减低噪声30～40分贝。绿化的街道比不绿化的街道可降低噪声8～10分贝。

（4）森林能产生大量空气负离子和植物精气。空气负离子对人体的生命活动有着很重要的影响，有人称其为“空气维生素”“空气长寿素”。树木所释放出来的有芳香气味的有机物被称为“植物精气”。据科学测试，植物精气能使人精神饱满、神清气爽，具有防病、治病、强身健体之功效。

4. 水土保持和水源涵养

森林在水土保持方面的作用已经很少有争议，森林所起作用的大小与许多因素有关，在其他条件相同时，森林的“自然化”程度越高，保土能力越强。例如，大兴安岭林区是东北松嫩平原和内蒙古呼伦贝尔草原的天然屏障，为松嫩平原营造了适宜的农业生产环境，减少了呼伦贝尔草原的沙化过程。大兴安岭林区对黑龙江、嫩江流域的500多条河流也有着重要的水源涵养和调节作用，为齐齐哈尔、大庆和松嫩平原提供宝贵的工农业生产及生活用水。

5. 调节气温、增加湿度、降低风速

林木的树冠有吸收和反射阳光的作用。树冠能吸收35%～40%的热量，反射阳光的热量可达20%～25%。林木的蒸腾作用也消耗很大的热量，一亩林地一个夏季可向空中蒸腾300～500吨水。因此，有树木的绿地可比非绿地降温3℃～5℃，比水泥地等建筑地区降温10℃～15℃；使空气湿度增加15%～20%；秋冬季有林绿地还能降低风速30%～50%。

6. 防风固沙、截留蓄水、减轻洪水侵害

我国目前风沙荒漠面积大，类型多，危害严重。在防护林的防护下，大部分流沙粒被固定在防护林前和防护林内，显著地减少了流沙量。防护林降低风速，减少被保护农地的蒸散量，缓和夏季昼夜温差，增加空气温度，有利于土壤有机物的分解，从而提高农作物产量。在干旱和半干旱地区农田防护林可增产10%～30%，在湿润地区可增产5%～10%。

森林的蓄水功能是通过三个方面实现的。一是森林庞大茂密的林冠，可截留降水，一般截留量约为20%。二是林地上厚厚的枯枝落叶层如同海绵，能吸水和暂时蓄积水，可使雨水缓缓进入土壤，减少地表径流，减少对土壤的侵蚀。三是森林中的土壤有机质丰富、疏松、吸水力强，林地土壤比非林地土壤有较好的蓄水性。据研究，林地土壤渗透率一般每小时250毫米，超过了一般降水强度，只要有1厘米厚度的枯枝落叶层，就可以把地表径流减低到裸地的1/4以下，泥沙量可减少94%。

在黄土高原，在降水量为100毫米、历时为1小时的情况下，生长良好的森林可以不产生径流，有林流域较无林流域可削弱洪水流量70%～95%。此外，森林还能延续洪水过程时间，起着一种独特的滞洪、削洪作用。

（四）我国森林资源保护现状

1. 我国森林资源保护成效

我国第九次森林资源清查结果显示：我国森林总量持续增长。森林面积由2.08亿公顷增加到2.2亿公顷，净增0.12亿公顷；森林覆盖率由21.63%提高到22.96%，提高1.33个百分点；森林蓄积由151.37亿立方米增加到175.6亿立方米，净增24.23亿立方米。

（1）森林质量不断提高。森林每公顷蓄积量增加3.91立方米，达到89.79立方米；每公顷年均生长量提高到4.23立方米。随着森林总量增加和质量提高，森林生态功能进一步增强。全国森林植被总碳储量84.27亿吨，年涵养水源量5 807.09亿立方米，年固土量81.91亿吨，年保肥量4.30亿吨，年吸收污染物量0.38亿吨，年滞尘量58.45亿吨。

（2）天然林稳步增加。天然林面积从原来的11 969万公顷增加到12 184万公顷，增加了215万公顷；天然林蓄积从原来的114.02亿立方米增加到122.96亿立方米，增加了8.94亿立方米。

（3）人工林快速发展。人工林面积从原来的 6 169 万公顷增加到 6 933 万公顷，增加了 764 万公顷；人工林蓄积从原来的 19.61 亿立方米增加到 24.83 亿立方米，增加了 5.22 亿立方米。人工林面积继续居世界首位。

2. 我国森林资源保护存在的问题

我国森林资源进入数量增长、质量提升的稳步发展时期，但我国仍然是一个缺林少绿、生态脆弱的国家，森林覆盖率远低于全球 31.7% 的平均水平，人均森林面积仅为世界人均水平的 30.4%，人均森林蓄积只有世界人均水平的 1/8，森林资源总量相对不足、质量不高、分布不均的状况仍未得到根本改变。人民群众期盼山更绿、水更清、环境更宜居，造林绿化、改善生态任重而道远。

一是实现森林增长目标任务艰巨。森林面积增速开始放缓，立地条件差，造林难度越来越大、成本越来越高，见效也越来越慢，如期实现森林面积增长目标还要付出艰巨的努力。

二是严守林业生态红线面临的压力巨大。各类建设违法违规占用林地现象屡禁不止。局部地区毁林开垦问题依然突出。随着城市化、工业化进程的加速，生态建设的空间将被进一步挤压，严守林业生态红线，维护国家生态安全底线的压力日益增大。

三是加强森林经营的要求非常迫切。我国林地生产力低，进一步加大投入，加强森林经营，提高林地生产力、增加森林蓄积量、增强生态服务功能的潜力还很大。

四是森林有效供给与日益增长的社会需求的矛盾依然突出。我国木材对外依存度已经超过了 50%，大径材林木和珍贵用材树种少，木材供需的结构性矛盾更加突出。森林生态系统功能脆弱，生态产品短缺的问题也很突出。

（五）我国森林资源保护对策

1. 全面深化林业改革，完善林业治理体系，提高林业治理能力，为加快林业发展注入强大的动力

对不符合林业发展要求，以及林分质量差的林分进行结构调整。大量培育经济乔木树种与灌木树种混交多效益林分，对不符合林业发展要求或质量差的林分进行结构调整；大量培育乔灌型林分，增加林分的层次结构，要以立体林业思维来培育林分，走“乔、灌、草”相结合的营林模式。在商品林经营过程中提倡将大面积纯林逐步改造为混交林，商品林的经营要在满足其林产品生产主导功能的基础上，兼顾其生态环境服务功能。低产林改造过程中要逐步引入速生丰产林树种，调整树种组成和林分结构，提高林木生长量和林分质量；培育用材与防护相结合的生态林，在树种上要选择萌生能力强的树种如青冈等栎类树种；提升林业治理水平，完善培训考核机制，全面提高各级专业队伍的业务素质，完善林业治理体系，提高林业治理能力。

2. 进一步调动社会力量，实施好生态修复工程，搞好义务植树和社会造林，稳步地扩大森林面积

调动社会各界力量，依靠科学技术合理做好森林保护与利用，加强森林防火、防灾和病虫害防治工作，加强自然保护区建设，因地制宜科学养护，实施生态修护工程，保护自然生态环境和防止生态环境恶化；加强森林资源保护宣传，让参与意识和资源保护意识深入民心，把植树和社会造林变成每个公民的神圣职责和义务，把扩大森林和绿化面积当成我们必须完成的重要任务，为当代也为子孙后代创造更美好的明天。

3. 扎实推进森林科学经营，扩大森林抚育，提升森林质量和效益

不断增强森林生态功能。进一步加强和改进森林资源采伐限额管理，实行分区分类管护。积极推行“森林生态采伐”模式，把森林资源的利用和环境保护结合起来，达到森林资源的持续利用和发展；依靠科技合理进行森林保护与利用，因地制宜科学养护。充分利用林地生产力，提高森林的再生产能力，促进整个生态系统顺畅运作；为建成同时具有经济、生态、社会效益的林业发展模式，可以采取多种经营模式相结合，如科学生产、林农结合。利用森林资源可再生性，提高资源利用率。森林资源的开发利用一定要充分发挥树木的可再生性，一边砍伐一边种植，保证每个砍伐周期都有相应的林木进行补充，从而保证森林资源得到充分的利用；提高设计质量，在伐区设计中降低设计作业坡度，尽量缩小天然林的采伐面积，减少人工林的工艺成熟的采伐限额数量，对所有的林地进行全面的普查和统筹分类划分，调查可采伐的资源的数量，对病、小、老树的出材率进行抽样测算。

4. 严格森林资源保护管理，守住林业生态红线，落实好林地保护规划，推进依法治理进程

加强森林资源队伍管理和森林管护队伍建设，提高作业人员素质。建立森林资源管护档案，完善管护制度。加强森林资源监测体系与评估体系建设，完善管理和保护工作制度。严格执行林地保护规划，健全立法和执法体制，建立行政执法监督体系，推进依法治理进程。

三、保护湿地

党的十八大报告提出，要加强水源地保护，扩大湿地面积，保护生物多样性。随着生态文明建设上升为“五位一体”总体布局，湿地保护越来越受到重视。国家启动了湿地生态补偿试点，中央财政对湿地保护的投入不断加大，湿地保护水平不断提高，成效不断凸显，为建设生态文明和美丽中国奠定了坚实的生态基础。2022 年 6 月 1 日起正式施行的《中华人民共和国湿地保护法》是我国首部系统、全面的湿地保护法律。湿地保护法的正式出台，不仅标志着我国湿地保护走向法治化、系统化，更是我国在加强生态文明建设中迈出的重要一步。

扎陵湖湿地

（一）湿地的概念、特殊性和分类

1. 湿地的概念

“湿地”一词最早由美国联邦政府于 1956 年开展湿地清查时使用，现已在学术界与管理界得到广泛使用。

《国际湿地公约》(《拉姆萨尔公约》) 将湿地定义为：湿地是指不问其为天然或人工、长久或暂时性的沼泽地、泥炭地、水域地带，静止或流动的淡水、半咸水、咸水水体，包括低潮时水深不超过 6 米的水域。

《中华人民共和国湿地保护法》第二条规定：本法所称湿地，是指具有显著生态功能的自然或者人工的、常年或者季节性积水地带、水域，包括低潮时水深不超过六米的海域，但是水田以及用于养殖的人工的水域和滩涂除外。

2. 湿地的特殊性

（1）特殊的界面系统。湿地是水、陆两种界面交互延伸的一定区域，处于大气系统、陆地系统与水体系统的界面交合处，存在联结各界面的水体—陆地—植被—大气界面系统，通过物质循环、能量流动及信息传递将陆地生态系统与水生生态系统联系起来。湿地的陆生环境和水生环境的双重特性使其具有单纯陆地类型和单纯水域类型所不具有的复杂性质。

（2）特殊的景观特征。湿地的景观具有周期性变化的特征。湿地具有明显的植被、土壤、水位和盐度的梯度变化、斑块变化、时间变化的特征，其中水位、水流，如泛滥、潮汐、洪枯等都是有规律、有频率地变动，这些周期性的变化造成了湿地生态系统在景观上的周期性变化。

（3）特殊的生物类群。湿地生态系统所处的独特的水文、土壤、气候等环境条件所形成的独特的生态环境，为丰富多彩的动植物群落提供了复杂而完备的特殊生境。根据不同湿地生态系统类型，分别有以下特别的类群：沼泽植物、盐沼植物、红树植物（胎生）、浮游植物、挺生植物、底栖植物、厌氧微生物；水禽、涉禽、海岸鸟、鱼、虾、贝、蟹、两栖、爬行动物等。

（4）特殊的生物地球化学过程。湿地土壤不同于一般的陆地土壤，它是在水分过饱和的厌氧环境条件下形成的，这种环境条件使其有独特的生物地球化学循环。湿地土壤在淹水时形成强还原区，但在水体—土壤界面上常有氧化薄层，这不仅影响着碳、氢（水）、氧、氮、磷和硫以及各种生命必需元素在湿地生态系统内部的土壤和植物之间进行的各种迁移转化和能量交换过程，也影响着湿地与毗邻生态系统之间进行的化学物质交换过程。

3. 湿地的分类

由于世界各地湿地类型复杂多样，湿地的分类方法和分类系统多种多样。目前，以《世界湿地公约》对湿地所作的分类最全面、最具代表性，即拉姆萨尔（Ramsar）分类系统。它从湿地保护和管理的角度出发，将湿地分为淡水湿地、咸水湿地和人工湿地 3 大类、35 个湿地类型（见表 7-1）。

表 7-1 湿地的分类

类别	淡水湿地	咸水湿地	人工湿地
1	河流 / 溪流 / 小河：永久性	海洋区域：-6 米内浅水域	水库 / 拦河坝 / 坝区
2	河流 / 溪流 / 小河：季节性	潮下水生层：包括海草层	农场里的池塘 / 小储水池
3	内陆三角洲：永久性	珊瑚礁	鱼 / 虾池塘
4	河流泛滥平原	岩石性海岸	盐田 / 盐碱滩
5	淡水湖：长期性	沙或鹅卵石海岸	砾石场 / 烧砖场 / 取土场
6	淡水湖：季节性、间断性	河口水域	污水处理场
7	咸水湖或沼泽：长期性、季节性、阶段性	潮间带海涂（包括咸水滩涂）	灌溉地（包括稻田）
8	淡水沼泽 / 池塘：长期性	潮间沼泽	季节性泛洪的农业用地
9	淡水沼泽 / 池塘：季节性、阶段性	红树林 / 潮间带森林	
10	灌木为主的湿地	海岸性咸淡水至盐水湖	
11	淡水沼泽林	三角洲湖和淡水沼泽	
12	泥炭藓沼泽		
13	林木泥炭地		
14	苔原 / 高山湿地		
15	淡水泉（包括绿洲）		
16	地热湿地		

（二）湿地资源概况

湿地是地球上重要的生态系统，是维持生物多样性的“基因库”，有“大自然的肾脏”之称，是具有多种生态功能以及高生产力的独特生态系统，具有重要的应用价值与科学价值。

近年来，人类对湿地盲目过度开发利用，导致湿地的数量和质量急剧下降。自 1990 年以来，全世界 50% 以上的湿地消失了；美国本土经过 200 年的开发，湿地面积减少了 53%；我国国家林业和草原局公布的第二次全国湿地资源调查结果显示：全国湿地总面积 5 360.26 万公顷，与 2003 年完成的第一次调查比较，减少了 339.63 万公顷，减少率为 8.82%。

1. 我国湿地植物资源

湿地植物泛指生长在沼泽地、湿原、泥炭地或者水深不超过 6 米的水域中的植物。湿地植物的多样性能综合反映湿地生态环境质量的基本特点和功能特性，是衡量湿地生态环境质量的重要指标。

我国湿地植物种类多、多样性丰富，有湿地高等植物 225 科 815 属 2 276 种，包括苔藓植物 267 种、蕨类植物 70 种、裸子植物 20 种、被子植物 1 919 种，以禾本科种数最多，其次是莎草科、唇形科、菊科、蓼科等。其中，国家Ⅰ级保护野生植物 6 种：中华水韭、宽叶水韭、水松、水杉、莼菜、长喙毛茛泽泻；国家Ⅱ级保护野生植物有水蕨等 11 种。除此之外，湿地植物中存在着大量的资源植物，如莲、菱、荸荠、茭白等水生蔬菜，水蕨、芡实、三白草等中药植物，睡莲、菖蒲、芦苇等景观植物。

2. 我国湿地野生动物资源

湿地野生动物是指整个生命周期或重要阶段（觅食、繁殖、越冬）依赖于湿地生态系统，其存在又对湿地生态系统结构产生影响的动物。

我国有湿地陆生野生动物 724 种，其中湿地兽类 31 种、鸟类 271 种、爬行类 122 种、两栖类 300 种。此外，还包括鱼类 1 000 余种和种类繁多的无脊椎动物（甲壳类、虾类、贝类等）。湿地是野生动物极其重要的栖息地，可为它们提供丰富的食物和良好的生存繁殖空间，特别是对于濒危珍稀鸟类、鱼类等的保护极为重要。

（三）湿地的功能和价值

湿地是地球上的土壤、水和生命经过几亿年发展进化的结果，是人类赖以生存和发展的重要物质基础。如果说森林是“自然之肺”的话，那么湿地就是“大地之肾”。湿地是众多动物的乐园，同时还向人类提供大量食物、能源和原材料，也是很好的旅游场所，享有“生物超市”“天然水库”“物种基因库”等美誉。

1. 生态系统的纽带

湿地生态系统是陆地生态系统与水域生态系统相互作用的界面，是陆地生态系统与水域生态系统相互连接的纽带。湿地生态系统的健康状态与相连接的陆地生态系统、水域生态系统的健康状态密切相关，同时又影响陆地生态系统、水域生态系统的健康。

2. 保护生物多样性

湿地生态系统的边缘效应使湿地生态系统的结构愈加复杂，稳定性相对较高，物种十分丰富，虽然湿地仅占地球表面积的 2.4%，却为世界上 40% 的生物提供了生境。湿地是许多珍稀濒危生物，特别是濒危珍稀水禽所依赖的栖息、迁徙、越冬和繁殖的场所，在生物多样性保护方面具有极其重要的价值。

3. 减缓径流和蓄洪防旱

由于湿地土壤具有特殊的水文物理性质，因此其具有超强的蓄水性和透水性，是蓄水防洪的天然“海绵”。许多湿地地区是地势低洼地带，与河流相连，在暴雨和河流涨水期将过量的水存储起来，均匀地缓慢释放，减弱危害下游的洪水。在干旱季节，湿地可将洪水期间容纳的水量向周边地区和下游排放，防旱功能十分显著。因此，湿地在控制洪水、调节河川径流、维持区域水平衡中发挥着重要作用。

4. 降解污染、净化水质、供给水源

湿地是自然生态系统中自净能力最强的生态系统之一。湿地水流速度缓慢，有利于污染物沉降。当水体进入湿地时，因水生植物的阻挡作用，缓慢的水体有利于沉积物的沉积，许多污染物质吸附在沉积物的表面，随同沉积物而积累起来，从而有助于与沉积物结合在一起的污染物的储存、转化。湿地的许多植物如挺水、浮水和沉水植物，在组织中富集重金属的浓度比周围水体高出 10 万倍以上。水浮莲、香蒲和芦苇都已成功地被用来处理污水。其中湿地中的芦苇对水体中污染物质的吸收、代谢、分解、积累和减轻水体富营养化等具有重要作用，尤其对大肠杆菌、酚、氯化物、有机氯、磷酸盐、高分子物质、重金属盐类悬浮物等的净化作用较为明显。

5. 调节气候

湿地调节气候功能是指通过湿地及湿地植物的水分循环和大气组分的改变调节局部地区的温度、湿度和降水状况，调节区域内的风、温度、湿度等气候要素，从而减轻干旱、风沙、冻灾、土壤沙化过程，防止土壤养分流失，改善土壤状况。如果湿地上游水土流失严重，集水区沉积物增加，将使湿地的蓄水量和湿地面积减少，而且还导致湿地吸纳沉积物的能力大幅度降低，使湿地调节气候的能力下降。

6. 丰富的产品资源和经济价值

湿地水源充沛、养分充足，有利于水生动植物生长，因此具有极高的生产力，每平方米湿地可年均生产 2 千克左右的有机物质。湿地是人工养殖和种植湿地经济植物的优良场所，可为人类提供丰富的水产品、粮食、水果、皮革、木材、药材等，还可为人类提供泥炭这种独特的产品，并为人类提供多种工业原料和多种稀有金属矿藏。例如，我国青藏、蒙新地区的碱水湖和盐湖，盐的种类齐全，储量极大，盐湖中还富集着硼、锂等多种稀有元素。

7. 优化人类生存质量

复杂的湿地生态系统、丰富的动植物群落、珍贵的濒危物种、独特的自然景观等，使湿地成为人类休憩旅游以及教育和研究的理想场所。有些湿地是人类社会文明的发祥地，保留了极具历史价值的文化遗址，有些湿地中的泥炭层保留了过去的生物、地理等方面演化进程的信息。

（四）我国湿地保护的现状

1. 我国湿地保护成效

我国现有 2750 个自然保护区、898 个湿地公园。我国已初步建立了以湿地自然保护区为主体，湿地公园和自然保护小区并存，其他保护形式为补充的湿地保护体系。许多重要的自然湿地得到抢救性的保护，湿地的主要生态功能得到较好的维持。在湿地开发方面，湿地提供的清洁淡水支持了我国的经济社会发展，湿地的种植业、养殖业、制药业、矿产业等也是我国人民生产生活的重要来源。

2022 年 6 月 1 日施行的《湿地保护法》，聚焦湿地保护修复的完整性、原真性和稳定性，逐步建立起覆盖全面、体系协调、功能完备的湿地保护法律制度。省级湿地立法有序展开，目前已有黑龙江、甘肃、湖南、陕西、广东、内蒙古、辽宁、宁夏、四川、吉林、西藏等

28 个省（直辖市、自治区）出台了省级湿地保护法规。

2. 我国湿地保护存在的问题

（1）生物多样性受损。对湿地的不合理开发利用导致湿地日益减少，功能和效益下降。捕获、狩猎、砍伐、采挖等过量获取湿地生物资源，造成湿地生物多样性逐渐丧失，其生态功能也严重受损。

（2）湿地保护区域结构与布局不合理。我国湿地类自然保护区的数量，远远低于发达国家的数量，也低于世界的平均水平，而且保护的重点仅限于狭义的湖泊沼泽湿地，没有将与湖泊密切联系的河流水系湿地作为保护的重点。

（3）湿地面积减少、功能衰退。由于人口的快速增长和经济的发展，湿地被开垦为农田或作其他用途，围埂造田、兴建码头，湿地植被遭到破坏，生态功能衰退，鱼类等水生生物丧失了栖息生存的空间与繁衍的场所，湿地自身的生态功能也在不断衰退。

（4）污染加剧、环境恶化。湿地被肆意侵占，并常成为沿江建筑垃圾、工业废水、生活污水的排泄区和承泄地，湿地水体污染不断加剧、环境不断恶化，生态系统富营养化现象严重，危及湿地生物的生存环境。

（5）掠夺性开发利用。对湿地的过度开发利用，使湿地生物多样性衰退加速，野生生物资源和渔业资源迅速衰退，甚至枯竭。例如，我国第一大淡水湖鄱阳湖被誉为“珍禽王国”“候鸟天堂”，是世界上最大的越冬白鹤群体所在地，种群数量占全球 95% 以上。由于无度的围湖造田，无限制的开发，导致生态恶化。

（五）我国湿地保护的对策

1. 从宏观引导方面完善湿地保护规划

按照我国主体功能区规划的要求，进一步修订完善 2002—2030 年全国湿地保护工程规划，制定更有针对性的、分阶段实施的工程实施规划，并认真抓好落实。

2. 突出用制度管人、管事，推进湿地保护的制度建设

按照生态文明制度建设的总体要求，有计划地逐步建立包括自然湿地保护制度、退化湿地恢复制度、湿地生态效应补偿制度、湿地保护红线制度、湿地生态系统评价制度、湿地生态系统功能动态监测和预警制度等一系列重要制度，使湿地保护形成较为完整的制度框架。

3. 强化依法“治湿”，颁布《湿地保护法》

《湿地保护法》的出台，是推进新时代湿地保护高质量发展的重要保障。法律确立了“保护优先、严格管理、系统治理、科学修复、合理利用”的原则，建立了覆盖全面、体系协调、功能完备的湿地保护法律制度，引领我国湿地保护工作全面进入法治化轨道。

4. 着眼湿地生态系统功能的提升，实施湿地生态修复工程

对功能退化的沼泽、河流、湖泊、滨海湿地等，通过采取植被恢复、鸟类栖息地恢复、生态补水、污染防治等系列手段，进行综合治理，恢复和提升湿地生态系统的整体功能。

5. 强调科学“管湿”，提升湿地保护管理的科技支撑水平

重点针对湿地保护模式、湿地退化机理及修复关键技术，以及科学合理利用湿地的模式等重要问题，开展科学研究和技术推广，提高整个湿地保护管理工作的科学化水平。

6. 加强宣传教育

加强湿地保护教育，普及湿地知识，提高全民族的湿地保护意识，让更多群众参加到湿地保护中来，促使大家树立尊重自然、顺应自然、保护自然的生态文明理念，在全社会形成珍视湿地、爱护湿地、保护湿地、支持做好湿地保护工作的良好氛围。

第四节 认识生态环保

当前，我国的生态环境破坏和污染问题仍然较为严重，背后原因包括资源短缺、环境容量有限、生产与消费模式落后等多方面因素，同时，公众参与环保程度低也是一个不容忽视的关键原因。为实现更为和谐的生存环境，推动社会绿色健康发展，公民应积极参与环保事务，珍视并充分利用法律所赋予的权利。此外，作为社会成员，我们更有责任承担环保义务，守护生态环境，推动可持续发展，为子孙后代营造更为优越的生活环境。

一、生态环保从我做起

（一）与个体责任相关的生态问题日益加剧

生态问题的产生乃至进一步恶化，很大程度上是因为人们对于自然生态环境的责任缺失以及无节制的攫取和挥霍，而这种责任缺失的主要根源在于人们对自然生态环境的责任意识不足。

在物质匮乏的农耕社会文明形态之后，人类社会经历了工业革命后生产力和科学技术的迅猛发展，人们对自然生态的开发能力大幅提高，生活质量和物质水平显著提升。人们乐于享受工业革命、科技革命所带来的丰厚物质财富，对自然资源任意征服，对生态问题变得冷漠，失去了对自然环境的人文关怀，生态责任意识淡化，致使生态环境产生了一系列严重的问题和后果。

1. 对自然资源的肆意掠夺

（1）森林资源危机。

森林资源是陆地上最大的生态系统，是保持水土平衡、维护动物生存、净化空气和环境、吸收二氧化碳并产生氧气的重要资源，是人类得以生存的基本环境因素。我国森林覆盖率仅为 24%，低于世界平均水平。除森林资源分布不均、自然灾害等客观因素外，乱砍滥伐等破坏性行为是致使我国原始森林资源锐减的主要原因。人们对待森林资源的方式违背森林自然生长的规律：砍伐多、种植少；砍伐快、生长慢。森林贫乏必然导致生态脆弱，

致使土地荒漠化、沙尘天气、雾霾等生态问题进一步恶化。

（2）生物资源危机。

我国是一个生物多样性非常丰富的国家。随着经济的发展，人们生产、生活内容的构成和方式发生变化，各种各样不合理的破坏生物生态的行为增多，如过度捕捞、向生物赖以生存的环境中排放废水、废气、垃圾等，导致许多物种濒临灭绝。

亚马孙雨林退化

2. 对自然资源的肆意挥霍

（1）污染和浪费水资源。

水资源是人类生存的基础。我国水资源总量比较丰富，可是人均水资源量很低，被联合国列为 13 个最缺水国家之一。能够利用的淡水资源总量低，而且分布很不均匀，东部多西部少，南部多北部少。此外，我国对于水资源的利用率也不高，存在浪费和污染现象。

由于生态资源节约意识的缺乏，公共场所存在大量浪费水的现象，如自来水管发生漏水或爆管未得到及时修理；随意开启消防龙头用水；直接用自来水冲洗道路；在公共场所使用水后“人离水未关”；等等。此外，居民家中的生活用水浪费情况也比较普遍。

（2）舌尖上的浪费。

2013 年，联合国粮农组织发布首份从环境角度分析全球食物浪费影响的研究报告《食物浪费足迹：对自然资源的影响》。报告称，全球 28% 的农业用地所生产的食物都被丢掉或浪费，每年全世界浪费的食物总量高达 2.9 万亿磅（约合 13亿吨），相当于 1.2 亿只大象、3 600 万辆 18 轮巨型货车或者 720 万头蓝鲸的重量。我国的食物浪费程度也超乎想象。统计数据显示，我国每年浪费食物总量折合粮食约 500 亿千克，接近全国粮食总产量的十分之一，这种“餐桌上的浪费”已引起人们的关注。中国农业大学的调研团队选取了大、中、小三类城市，共 2 700 台不同规模的餐桌进行分析测算，发现全国一年仅餐饮浪费的蛋白质和脂肪就高达 800 万吨和 300 万吨。造成食品浪费的典型行为包括不正确的饮食方式和习惯，如在饭店用餐时，碍于“面子”，不依就餐人数及需求量点餐而浪费，结果造成餐厨垃圾中有三分之二是剩饭剩菜，需要耗费很大的人力、财力去处理，而且对环境的破坏很大。或者在超市购物时一次性购买过多食品，特别是不宜久放食品等，导致不少食品因过期被扔掉。

食品浪费给农业生产带来额外的压力，迫使耕地面积和捕捞规模不断扩大，进而对气候、水土利用和自然界生物多样性造成破坏，过度消耗人类赖以生存的自然资源。

（3）生活垃圾处理不当。

生活垃圾的处理包括源头减量、清扫、分类收集、储存、运输、处置及相关管理活动。人们的日常生活或者为日常生活提供服务的活动所产生的固体废弃物以及法律法规所规定的视为生活垃圾的固体废弃物的处理，应遵循减量化、无害化、资源化、节约资金、节约土地和居民满意等准则，因地制宜，综合处理，逐级减量。迅速增长的垃圾产量，已经让国内城市面临着生态困境。然而我国的垃圾处理投入量不足，生活垃圾处理现状引人担忧，主要存在的问题有以下几个方面。

1）垃圾产生量大而处理率低的矛盾突出。由于资金、技术等原因，我国生活垃圾的处理技术及设备比较落后，生活垃圾处理方式只是照搬旧模式，以填埋为主，高温焚烧的比例较低，设施简陋、损坏严重、达不到垃圾处理无害化的要求，所以不仅使得垃圾无法无害化处理，还造成了严重的二次破坏，而且也大大增加了清洁工作的难度。另外，一部分处理设备及技术直接从国外引进，不适合我国国情，运行管理困难，重复建设严重，造成资源浪费。

2）对生活垃圾处理设施的监督监测不完善，环境卫生管理体制不健全。目前生活垃圾处理场建设项目并不完全履行环境影响评价制度和“三同时”制度，一些处理场的废水、废气任意排放，严重污染空气和地下水。建场时没有规划垃圾处理场基础路面的建设，垃圾清运过程缺乏管理，没有按规定进行加盖封闭。垃圾处理场保卫工作不严密，使防渗漏土工膜经常被窃取，垃圾渗入地下水，影响水质。生活垃圾管理部门的执法范围集中在县市区、中心镇，农村生活垃圾的管理几乎处于空白状态。垃圾处理费用主要来源于国家和地方财政的末端管理，且资金大都用于垃圾的收运。

3）公民环保意识不强，实行垃圾分类收集有难度。虽然最近几年，政府一直在倡导居民进行垃圾分类，但效果却不尽如人意。大多数垃圾分类设施沦为摆设。目前垃圾分类和回收的工作主要依靠收废品的流动人员自发进行。一些回收利用价值较高的垃圾，诸如塑料、玻璃、金属、纸张制品等大部分得到了有效处理。但厨余垃圾因为设备运行和维护成本高，技术尚不成熟，且管理方面存在缺失，一直都难有进展。对其他剩余垃圾，国际通行做法是焚烧处理，而垃圾焚烧厂对资金、技术、人才等各方面的投入要求都很高，在国内施行仍存在一定的困境。

垃圾分类

（二）个体需要转变和重建生态意识

生态环境问题是与人们的生产生活息息相关的问题，因为人们的“自私”行为而被不断扩大化，已严重威胁到人类的生命健康和永续发展，破坏了人与自然和谐统一的关系。

在经济和科技高速发展的今天，人们对生态环境治理采取了众多措施和高科技技术手段，但依然难阻生态危机的蔓延和扩大。人们在不断尝试、努力和总结的过程中，也认识到生态资源枯竭和环境污染等生态问题不能单纯依靠科技来解决，因其并不能够阻止人们的破坏行为，还可能因其过度使用而导致新型污染和二次污染从而使治理过程更为棘手和复杂。

生态资源的保护和生态问题的治理，从根本上来说，要从人们的生态意识转变和重建入手，放弃绝对的“人类中心主义”的误区，培养或强化对自然的责任意识，在对自然改造利用前后都要主动积极地承担责任，努力实现与自然生态的和解，培育正确的生态文明意识。

1. 培养生态文明忧患意识

生态文明忧患意识是生态文明意识培育中最基础的部分，是指人类面对日益严重的生态危机而产生的紧迫感和忧患意识。它至少包含两方面的含义：一是生态系统自身是否安全，即其自身结构和功能是否保持完整和正常；二是生态系统对于人类是否安全，即生态系统提供给人类生存所需的资源和服务是否持续、稳定且无害，两方面相互交叉，不可分割。简言之，在生态文明忧患意识的作用下，人类首先关注生态系统的完整性与稳定性，其次关注生态系统为自身所提供的资源是否无害且有可持续性。

大气污染、生物资源枯竭、淡水资源紧缺、土地荒漠化等生态环境问题让人们感受到了自然对人类的破坏行为的报复和反击，也使人们深刻地认识到这些问题的严重性和继续发展下去对人类社会生存和发展的灾难性后果。人们只有先认识到现在面临的生态危机的严重性，才会产生忧患意识，才能真正行动起来，自觉地保护环境。

实践证明，环境和经济发展不可能完全、绝对平衡。因此，人们在进行经济建设的过程中，要始终有生态忧患意识，要改善和优化人与自然及人与人的关系，要尽可能地遵循生态系统的调控规律，构建有序的生态运行机制，构建“自然—人—社会”生态系统，加强生态建设和环境保护以减轻对生态环境的破坏，使生态环境与经济社会发展高度协调。

2. 提升生态文明道德意识

道德作为社会意识的特殊形式，对社会发展具有重要的功效和能力，是处理个人和他人、个人与社会、个人与自然之间关系的行为规范及实现自我完善的一种重要精神力量。生态文明道德意识是道德的一种意识形态，不仅是人们对于人与自然生态关系的关乎道德的认知，更是人们在处理人与自然之间关系等一系列行为所具备的道德品行、道德人格及所遵守的行为规范的整体反映。

生态文明道德意识的兴起缘于人与自然生态关系、人与人的社会关系的矛盾。生态文明道德意识强调既保证人类的生存与发展需求，又不损害自然可持续发展的权利；既保证人类可以获取自然资源，创造发达的物质文明，又维持地球生物和环境的多样性；既保证当代人生存发展的权益，又不损害子孙后代生存发展的权利。生态文明道德意识具体体现为生态道德观念、生态道德情感、生态道德意志、生态道德人格等。其中生态道德观念、生态道德情感和生态道德意志是生态道德意识的核心。生态主体首先获得生态认知，在生态认知的基础上形成生态道德观念，在生态实践的基础上形成生态道德情感，生态道德情感的凝结和积淀便是生态道德意志。生态道德观念、生态道德情感、生态道德意志三者相互作用、相互渗透、相互影响，共同促进生态主体付出有利于自身生态化生存、有利于生态整体可持续发展的实践。塑造生态文明道德意识，就要树立生态道德观念、培养生态道德情感、形成生态道德意志。

生态道德观念的树立，就是要通过生态教育，使人们普遍认识到人类生产生活绝不能违背自然规律，否则，就会受到大自然的惩罚；使人们真正认识到人与自然是一种相互依赖、彼此制约的关系，只有尊重自然价值、顺应自然规律、自觉保护自然才能实现人与自然和谐统一。生态道德情感的培养就是要以生态道德观念促进人对自然的敬畏之情与人的生态操守的有机统一，促进人的生态道德精神和生态道德人格形成。形成生态道德意志，关键是要使政府和企业充分认识到经济社会发展与生态环境保护的重要关系，增强保护生态的责任感和使命感，促使政治、经济、文化、社会、生态的全面协调可持续发展。还要促使个人在日常生活中注重节约，反对过度消费，提倡与经济社会发展水平和个人收入水平相适应的适度消费、绿色消费，更加强调人的物质生活和精神生活全面协调发展，最大限度地减少物质生活对资源的损耗和对环境的污染。

3. 强化生态文明责任意识

生态文明责任意识是人类对自己的生态行为承担责任的意识。在人类与生态环境的紧张关系中，人类起主导作用，应负主要责任。整个生态是否持续平衡、能否得到保护，取决于公民能否意识到自己对生态保护的责任。这种责任包括有责任使生态不受破坏，限制破坏生态的行为，有责任从事有利于生态发展的活动，自觉参与生态文明建设实践，投入到治理已有的生态问题的活动中去，促进生态建设。

4. 倡导生态文明消费意识

消费是人类社会生活和经济活动的重要组成部分，促进社会经济的发展和人的自我价值的实现。生态文明消费意识即科学的消费观，引导人们正确认识和处理经济发展、人民生活水平的提高与生态环境保护的关系，它以可持续发展为立足点和前提，提倡适度消费、理性消费，杜绝“一次性”消费、过度消费等不合理行为，使人们对自然生态的消费与自然生态的承载能力相协调，与物质生产发展水平相适应，有助于实现节约资源和保护生态的双重效应。

从中国的现实国情看，我国是一个人口众多、资源紧缺、环境脆弱的国家，经济社会发展水平还较低，高消耗的消费方式在我国只会带来更为严重的经济和生态负担。但是在现实的消费生活中，奢侈消费、攀比消费、超前消费等消费主义方式在我国仍然存在。因此，培育一种理性的消费意识，选择一种更加适合我国国情的消费模式，对经济社会长远健康发展和人民生活水平的稳步提升至关重要。

为了培育国民的生态文明消费意识，政府应从宏观角度制定政策，约束人们的意识和行动，促进文明消费、适度消费，积极倡导科学合理的消费理念，合理分配公共消费资源。同时还要用法律和制度制止过度消费和奢侈消费，特别是要鼓励节约资源的绿色产品的研制和生产。

5. 培养生态文明法治意识

生态文明法治意识是指人们自觉遵守《环境保护法》以及有关环境保护和资源保护的

法律法规的观念。这种法治观念是生态文明法治化建设的基本要求，也是生态文明建设走上法治轨道强有力的保障，更是现代社会依法治国的必然产物。因此，需要开展法治教育，提高公民环境保护的法律意识，使公民知法、懂法、守法，可以运用法律维护自身的环境权益，并敢于对污染行为进行检举和控告。

目前，我国正在逐步构建以《中华人民共和国环境保护法》为主体的综合性的环境治理法律法规体系。我们要清醒地认识到，人们主观上对环境问题的认识水平和为此采取行动的意愿程度，是社会文明进步的一个标志，同时从环境政策角度看，还降低了环境政策实施的成本。今后的环境保护工作，重点是要培养公民的生态法治意识，要在社会各领域不断从生产方面和生活方面，采用多种形式和多种手段来促进公民知法、懂法、守法，不断强化公民的环境知情权、监督权，以及依法维护自身环境权益的环境诉讼权，引导和规范公民的生态文明行为。

6. 完善生态文明审美意识

生态审美是美学在当前生态文明新时代的新发展、新视角、新延伸和新立场，是一种意境的动态审美，是一种包含着生态维度的当代生态存在论审美观。

生态审美以人与自然的生态审美关系为出发点，包含人与自然、社会以及人自身的生态审美关系，体现为生命关联和生命共感。人若仅满足于物质生活享受，而没有精神追求，完全依附于现实而不能超越现实，这是人性不健全和失去想象力的主要表现。审美活动恰好能发展人性，培养想象力和创造力，是使人获得真正自由的必由之路。

生态审美是人与自然、人与社会及人自身达到动态平衡的媒介。尽管生态伦理与生态审美以不同的视角来审视地球生态系统过程，两者在研究对象和研究方法上不同，但在过程中，生态审美的“本真”意境常常对现实的伦理行动起到一种修正的作用，使其更贴近自然，符合生态生存，并且在终极目标上，两者的内在价值是统一的，外化为人与自然、社会的和谐共生，真、善、美相统一的自由人生境界。

二、加强生态环保实践

（一）走进生态环境

1. 以建设生态校园及文化为依托

高校应该充分借鉴传统校园文化建设的经验，融合人与自然、人与人、人与社会和谐共生、持续发展的理念，在校园物质文化、精神文化、制度文化上体现出人与自然发展的持续性、整体性、协调性、和谐性，构建起新型的校园生态文化氛围，培养学生的生态情感，陶冶学生的性情，努力创造一个优美的人文环境，使学生置身其中，养成爱护校园、保护校园、建设校园的自觉生态行为习惯，逐步树立生态文明观，践行生态文明理念。

一是加强校园物质文明建设。高校在校园整体规划、硬件建设和软件配置以及校园绿化美化等方面都应体现人与自然和谐相处、共同发展的理念；同时，鼓励学生参与其中，对校园的各项建设提出生态文明角度的意见，尊重学生的合理化建议和诉求，把大学校园建成一个人文和自然景观设计布局合理、功能齐全、绿色葱葱的生态示范园区，体现优美、自然、生态、绿色的可持续发展理念。

二是加强校园精神文化建设。高校应努力在校风、教风、学风上加强生态文明的建设和发展，学生热爱学校，乐于身处校园的生态环境中，就能激发其生态环保兴趣和欲望，增强环保行动和理念。

2. 积极开展生态文明社会实践

生态文明教育不是单纯的理论教育，也不是仅仅依靠校园这个平台就可以完成和实现的，它需要大量的社会实践以积累知识与经验，因而各高校应该积极组织大学生走进自然、走入生态环境之中，在与自然生态发生最直接、最真实的接触中，吸收、深化生态文明的先进思想，激发保护自然环境的自觉意识，这才是提高生态教育成效的重要途径。

社团作为高校的主要学生组织之一，是开展大学生活动最常见、最重要的平台。以环保活动为内容的社团活动，一方面可以让大学生在自主的实践中提高理论水平和自身的能力；另一方面可以让大学生主动投入保护环境的实践活动中，不断提升他们的生态意识和生态道德素养。社团活动可有效弥补课堂教学和学校统一组织学生参加社会实践的局限性和不足。因此，在大学生生态教育中应该充分认识社团在学生当中的积极影响，并通过有效途径发挥其重要作用。高校应该积极鼓励与支持大学生建立以保护环境为主题的社团，并加以指导。

（二）融入社会生活

教育的根本是提高人的知识、素养和技能，是为了人类社会的长远发展。可见，教育是有责任心的，而责任是有历史性的，不同的时代，个体承担的责任不一样，每个时代的责任教育都蕴藏了那个时代独有的内容。所以，生态文明教育的内容和目标也应该贴近生活，融入生活，服务于现实生活。

对于大学生的生态文明教育来说，要切实以人为本，在接受社会现实的基础上，既不能要求太高——要求人人都生态利益至上、不考虑个人的利益；也不能要求太低——可以过度挥霍生态、浪费资源仅为了满足自己的需求。生态文明教育要先教育大学生使自己的行为符合环保要求，对身边的环境卫生负责，再逐步过渡到社会、国家这种大环境的生态责任。

第五节　探寻绿色，提倡低碳

一、探寻绿色生活方式

绿色是一种颜色，代表着春天、植物；绿色还是自然、环保、节约、循环等的代名词，象征着生命、健康、安全和希望。如今，绿色已成为一种文化和生活方式，引领着人们开启健康、文明、环保的美好生活。

（一）培养绿色消费观

1. 绿色消费的内涵与特征

1987 年英国学者埃肯顿和海尔斯在《绿色消费者指南》一书中提出“绿色消费”概念，并将绿色消费界定为避免使用下列商品的一种消费：（1）危害消费者和他人健康的商品；（2）在生产使用和丢弃时，造成大量资源消耗的商品；（3）因过度包装，超过商品物质或过短的生命期而造成不必要消费的商品；（4）出自稀有动物或自然资源的商品；（5）含有对动物残酷或不必要的剥夺而生产的商品；（6）对其他国家尤其是发展中国家有不利影响的商品。

1992 年在巴西里约热内卢召开的联合国环境与发展大会标志着这一思想得到全世界的广泛认可和响应。大会制定的《21 世纪议程》明确提出：“所有国家均应全力促进建立可持续的消费形态。”目前国际上普遍认可的是绿色消费的“5R”原则，即：节约资源，减少污染（reduce）；绿色生活，环保选购（reevaluate）；重复使用，多次利用（reuse）；分类回收，循环再生（recycle）；保护自然，万物共存（rescue）。

中国消费者协会认为绿色消费有三层内涵：（1）绿色消费是倡导消费有助于公众健康的绿色产品；（2）绿色消费是在消费过程中不造成环境污染；（3）绿色消费是引导消费者转变消费观念，向崇尚自然、追求健康方向转变。

绿色，代表生命，代表和谐与健康，是充满希望的颜色。国际上对绿色的理解通常包括生命、节能、环保三个方面，而绿色消费是以绿色、自然、和谐、健康为宗旨，有利于人类健康和环境保护的消费内容和方式。因此，绿色消费应具有以下特征：

（1）安全性。指消费者在进行绿色消费过程中对安全需求的一种满足。在马斯洛需求层次论中，安全是人类在满足生理需求之后的第二层次需求，所以消费者在消费产品时要求产品对人身和财产安全不得有损害。这也是绿色消费的基本特征。

（2）适度性。指以获得基本需要的满足为标准，但并不是倒退回原始状态，而是在其社会经济条件下基本满足生存和需要，足够就可以，不要最多。

（3）可持续性。指消费者在衣、食、住、行、用等方面的消费要与资源的承受力相适应，不能以破坏生态环境为代价。

消费经济学一直认为：人们的消费需要，不仅包括物质需要和精神需要，还应包括生态需要。生态需要对人的生存和发展，对满足人的消费需要，具有极端重要性。发展绿色消费正是满足人们生态需要的极其重要的内容。随着人类社会经济可持续发展战略的推进，绿色消费作为一种全新的消费理念，已经成为 21 世纪全球消费模式的呼声和消费者的共同追求，是温饱问题解决以后人们更加重视自己的生存质量的结果。绿色消费是一种适度的消费，既不奢侈又不吝啬；是一种崇尚自然、保护环境的消费。

2. 培养绿色消费观

消费观念的塑造和培养对人们的思想、品德和行为等产生重要影响。消费主义文化总是不断刺激人们的消费欲望，从而使人们产生很多不必要的消费。例如，不少刚参加工作不久的年轻人，会毫不犹豫地用一个月的收入买一款新式手机或一个名牌皮包；部分大学生崇尚时尚前卫，盲目追求名牌与款式，存在攀比现象，如手机、电脑等电子产品频繁更换，衣服、鞋子穿一次便“束之高阁”等。

人类购买各种商品来满足自己对健康、方便、时尚生活的追求无可厚非，但过度消费不可取。过度消费造成资源浪费，破坏生态环境，而这又反过来影响人类的生存和发展。

国家邮政局数据显示，2021 年我国快递业务量超过 1 000 亿件，由此产生的快递包装废弃物既造成浪费也污染环境。中国物资再生协会发布的报告显示，2020 年中国产生废塑料约 6 000 万吨，其中回收量约为 1 600 万吨，废塑料总体回收率仅为 26.7%……这些令人震惊的数字提醒我们，树立绿色消费观，珍惜公共资源，呵护社会财富，保卫绿色家园，是每个人的责任和义务。

对大学生来说，培养绿色消费观，要从不浪费一滴水、一粒米、一度电、一张纸开始，到购买可循环使用的产品、延长商品的使用周期，再到逐渐养成绿色消费、绿色生活的习惯。

（二）践行绿色生活方式

绿色生活方式是指秉持可持续发展的理念，在日常生活中注意节约资源、减少污染、保护环境的行为和习惯。这种生活方式强调人与自然的和谐共处，以实现社会的可持续发展为目标。以下是一些常见的绿色生活方式的建议：

（1）节约能源：减少使用电力和燃气等能源，如合理使用空调、电灯等设备，采用节能型家电。

（2）减少废弃物：尽量减少垃圾的产生，如合理分类垃圾、循环利用、减少使用一次性用品。

（3）绿色出行：优先选择公共交通、骑行或步行等环保出行方式，减少私家车出行，以降低空气污染和交通拥堵。

（4）绿色购物：选择环保袋，尽量减少使用塑料袋，选择环保无污染的绿色产品，尽量减少购买过度包装的商品。

（5）植树造林：积极参与植树造林活动，增加绿色植被覆盖率。

总之，绿色生活方式是一种可持续的生活方式，有助于保护地球生态环境，同时也为人们带来更好的生活品质。

倡导绿色出行

二、提倡和践行低碳生活

低碳生活是一种低能量、低消耗、低开支的生活方式，其核心就是要最大限度地节约现有能源，减少碳的排放，其表现形式主要是在生活活动中追求较低的能耗，节约消费，减少浪费并且保障低污染，崇尚绿色和适度消费，反对不当消费、过度消费及奢靡消费，从而有效地降低自然资源的消耗，减轻环境所承载的压力。

在日常生活中，每个人的衣食住行用都直接或间接地留下“碳足迹”。每个人的碳排放量虽然小，但汇聚起来却不容小觑。其实，生活中一些细微的生活习惯，如超市购物自带环保袋、外出聚餐打包剩饭菜、住宾馆自带洗漱用品、抵制过度包装、随手关闭水龙头、一水多用、拒绝使用一次性餐具、双面使用纸张、垃圾分类入箱、绿色出行、使用节能家电等，都会减少能源的消耗，进而影响和改善环境。

如果人人都能自觉践行低碳生活，积极倡导文明、健康、绿色的生活方式，不仅能提升个人的生活品质，也能为守护蓝天碧水、共享美丽中国贡献力量。

参考文献

REFERENCE

[1] 何学军，朱颖．大学生生态文明教育 [M]. 北京：航空工业出版社，2023.
[2] 孙一峰．大学生生态文明教育的实现路径研究 [M]. 北京：中国言实出版社，2022.
[3] 陈迎，巢清尘，等．碳达峰、碳中和 100 问 [M]. 北京：人民日报出版社，2021.
[4] 安永碳中和课题组．一本书读懂碳中和 [M]. 北京：机械工业出版社，2021.
[5] 曹立，郭兆晖．讲述生态文明的中国故事 [M]. 北京：人民出版社，2020.
[6] 张纯，王涛．大学生生态文明教育与管理研究 [M]. 北京：中国商务出版社，2019.
[7] 刘经伟，刘伟杰．大学生生态文明实践教程 [M]. 北京：中国林业出版社，2019.
[8] 全国干部培训教材编审指导委员会．推进生态文明　建设美丽中国 [M]. 北京：人民出版社，2019.
[9] 刘书林．思想政治教育学原理专题研究纲要 [M]. 北京：人民出版社，2018.
[10] 柯水发，等．绿色生活 [M]. 北京：中国林业出版社，2020.
[11] 柯进华．柯布后现代生态思想研究 [M]. 杭州：浙江大学出版社，2018.
[12] 陈士勇．新时期公民生态文明教育研究 [M]. 长沙：湖南师范大学出版社，2018.
[13] 陈金清．生态文明理论与实践研究 [M]. 北京：人民出版社，2016.
[14] 文学禹，李建铁．大学生生态文明教育教程 [M]. 北京：中国林业出版社，2016.
[15] 克莱顿，海因泽克．有机马克思主义生态灾难与资本主义的替代选择 [M]. 孟献丽，于桂凤，张丽霞，译．北京：人民出版社，2015.
[16] 张劲松．生活中的生态文明 [M]. 南京：江苏人民出版社，2014.
[17] 薛建明，仇桂且．生态文明与中国现代化转型研究 [M]. 北京：光明日报出版社，2014.
[18] 环境保护部环境与经济政策研究中心．生态文明知识 50 问 [M]. 北京：中国环境出版社，2014.

图书在版编目（CIP）数据

大学生生态文明教育 / 李书民，马丹丹主编. 北京：中国人民大学出版社，2024. 8. --（新编 21 世纪高等职业教育精品教材）. -- ISBN 978-7-300-33088-4

Ⅰ. B824.5

中国国家版本馆 CIP 数据核字第 2024XU1682 号

新编 21 世纪高等职业教育精品教材 · 公共基础课系列

大学生生态文明教育

主　编　李书民　马丹丹

副主编　赵　潇　王梦云　佘　波

参　编　高延锋　薛　景　李岩岩　谭璐璐

Daxuesheng Shengtai Wenming Jiaoyu

出版发行	中国人民大学出版社		
社　　址	北京中关村大街 31 号	**邮政编码**	100080
电　　话	010－62511242（总编室）		010－62511770（质管部）
	010－82501766（邮购部）		010－62514148（门市部）
	010－62515195（发行公司）		010－62515275（盗版举报）
网　　址	http:// www. crup. com. cn		
经　　销	新华书店		
印　　刷	北京瑞禾彩色印刷有限公司		
开　　本	787 mm × 1092 mm　1/16	**版　　次**	2024 年 8 月第 1 版
印　　张	9	**印　　次**	2024 年 8 月第 1 次印刷
字　　数	198 000	**定　　价**	48.00 元
